猫苑

[清] 黄汉 辑

浙江文艺出版社
Zhejiang Literature & Art Publishing House

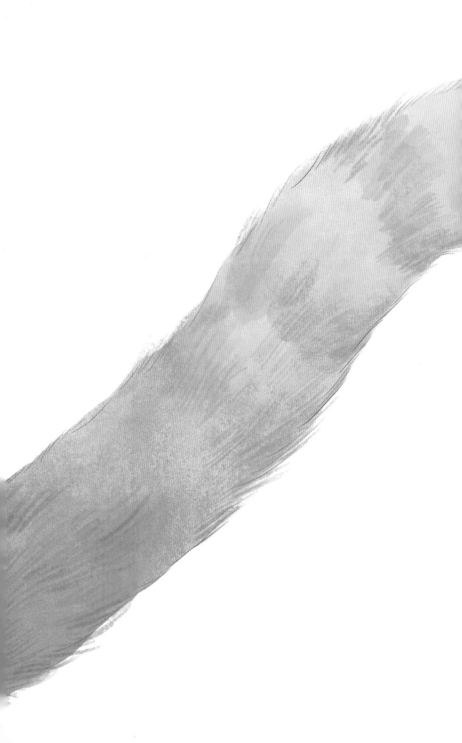

编校说明

《猫苑》以咸丰年间瓮云草堂刻本为底本，参校《笔记小说大观》本。

繁体字、异体字参照《规范字与繁体字、异体字对照表》《现代汉语词典》等改规范字；未收录繁体字，不进行类推简化。底本明显讹误径改，不再出校。

目录

自　序

夫猫之生也，同一兽也，系人事而结世缘，视他兽有独异者。何欤？盖古有迎其神者，以有灵也；呼为仙者，以有清修也；蓄之于佛者，以有觉慧也。或以其猛，则命之曰将；或以其德，则予之以官；或以其有威制，则推之为王。凡此，皆猫之异数也。

他或鬼而憎之、妖而怯之、精而畏之，抑亦猫之灵异不群有以招致之。然而妖由人兴，于猫乎何尤？且有呼之为姑，呼之为兄，呼之为奴，又皆怜之喜之至也。若夫妲己之称，不更以其柔媚而可爱乎？至于公之、婆之、儿之，此又世俗所常称，更不足为猫异。

独异其禀性乖觉，气机灵捷；治鼠之余，非屋角高鸣，即花阴闲卧，衔蝉扑蝶，幽戏堪娱。哺子狎群，天机自适。且于世无重坠之累，于事无牵率之误，于物殖有守护之益，于家人有依恋不舍之情，功显趣深，安得不令人爱之重之耶？以故穿柳裹盐，聘迎不苟；铜铃金锁，雅饰可观。食有鲜鱼，眠有暖毯，士夫示纱幮之宠，闺人有怀袖之怜，而其享受所加，较之群兽为何如耶？然则猫之系结人事世缘，若有至亲切而不可离释者，方有若斯之嘉遇。此猫之所以视群兽有独异焉者。

呜呼！血肉之微，亦阴阳偏胜之气所钟，宜乎补裨物用，缔契名贤，贻光毛族多矣，庸非猫之荣幸乎哉！

人莫不有好，我独爱吾猫。盖爱其有神之灵也，有仙之清修也，有佛之觉慧也；盖爱其有将之猛也，有官之德也，有王之威制也。且爱其无鬼、无妖、无精之可憎、可怯、可畏之实，而有为鬼、为妖、为精之虚名也；且爱其有姑、有兄、有奴、有妲己之可怜、可喜、可媚之名，而无为姑、为兄、为奴、为妲己之实相也；抑又爱其能为公、为婆、为儿之名实相副也。

此余《猫苑》之所由作也。

岁咸丰壬子长至日，瓯滨逸客黄汉自序。

凡 例

🐱 猫事本无专书，古今典故仅散见于群籍。今仿昔人《虎荟》《蟹谱》暨《蟋蟀经》之例，广用搜罗，辑成兹集，无论事之巨细雅俗，凡有关于猫者皆一一录之，以裕见闻。

🐟 兹集无异为猫作全传，头绪纷繁，叙次最易紊乱，今分门为七：曰种类，曰形相，曰毛色，曰灵异，曰名物，曰故事，曰品藻。凡所收典故、诗文各以类从，阅者易于醒目。

🐱 各门中猫事大抵出于经史子集及汇书说部，若或有所引证辨论，皆另列按语于本条之左。

* 编者注：

1. 本书中各条正文的按语、他人论述等，皆列于本条下方，前标"◎"；非正文的按语，不标"◎"，以示区别。

2. 本书中各条正文的出处，皆列于本条句末，以较小号字区别。

3. 本书中原文出现的注释，皆紧跟被注内容，以较小号字区别。

猫事凡载群籍者，皆顶格直书于本条下，注明见某书。其本无书所载，而出于前辈笔记故旧传闻，人虽作古，其所遗或小简或尺牍或片识，并各于本条下注明，见有来历，亦顶格直书。

凡现今交游诸公有所论列，并另有诗文集可采者，皆随其事于各门中低二格书之，示有区别。

诸交游因予有兹纂，或代征故实，或代借书籍，大有襄助之益，至为厘订而鉴定，采辑而商榷，尤足起予固陋，厥功皆不可泯。如潮州太守钱唐吴公云帆均、翰林待诏镇平黄公香铁钊、连平刺史同里张公孟仙应庚、广东藩参军新建裴君子鹤桢、知醴山阴胡君笛湾秉钧、番禺孝廉丁君仲文杰、上舍朱君竹阿元撰，名铭、暨桐城姚翁百徵龄庆、山阴陶翁蓉轩汝镇、毗陵张君槐亭集、锡山华君润庭滋德、寿州余君蓝卿士镆及陶文伯炳文也。文伯为蓉轩翁哲嗣，英年好学，博涉群书，于予是辑尤为多助。若夫江浦巡尹同里陈君寅东杲，则专任校勘者也。此外凡说一事，献一义，则其姓氏亦不可遗，已于各门本条上冠列，苔岑凤契，同俾有征。

是编引用书目繁杂，兹不另为标列，惟《雨窗杂录》系王碧泉先生所纂。先生名朝清，字宸哲，永嘉人。耆年硕德，为枌榆引重。其书纪载事物有裨考镜，余于进士郑星舟明府署中见之，今得采列诸条，尚系昔日抄存者。为故老留手泽于什一，未始非斯文之幸。

古今书籍何限，人世事物无穷。凡耳目之未接，品类之未备，殆亦非少。窒漏贻讥，知所难免，更俟博雅君子与夫同志者续之焉可。

是辑因作客余闲采录以成，两阅寒暑，不过以饾饤为事，深愧琐琐笔札，无裨世用。然而结习所在，乐此不疲。昔人云："聊用著书情，遣此他乡日。"夫固非予之本志也，识者谅之。

黄汉 识

卷

上

种类

夫兽类其繁乎，猫固兽中之一类也，然其种之杂出，又甚不同，以之尚论，必先因厥类而推暨其种，非特资辨证，则亦多识，夫鸟兽之名之一助也。辑种类。

鼠害苗而猫捕之，故字从"苗"。《埤雅》

猫有"苗""茅"二音，其名自呼。《本草纲目》

猫，苃狸之属也。《博雅》

猫本狸属，故名狸奴。《韵府》

◎ 汉按：《说文》："猫，狸属。"苃狸，
《广雅》作"貌狸"。

猫之为兽，其性属火。

故善升喜戏，畏雨恶湿，又善惊，
皆火义也。与虎同属于寅。或谓猫
属丁火，故尤灵于夜。

———————————

《物性纂异》

◎ 吴云帆太守曰："《六壬大全》载，白虎昼主虎豹，夜主猫狸；螣蛇天空，则主猫狸之怪。又占脱物，看类神。木，植椁橙席。猫，视寅，见《大六壬寻源》。"

◎ 汉按：猫虎气类颇同，《诗》云"有猫有虎"，故连类及之。或说类书载虎属寅得丙，猫属卯得丁，故虎禀纯阳之气，而猫则阴阳兼有也，于义亦通。

◎ 汉又按：古者猫、狸并称，《韩非子》："将狸致鼠，将冰致蝇，必不可得。"又"使鸡司夜，令狸执鼠，皆用其能"。《庄子》："羊沟之鸡，以狸膏涂头，故斗胜人。"注："鸡畏狸膏。"又《说苑》："使骐骥捕鼠，不如百钱之狸。"又《盐铁论》："鼠穷啮狸。"凡此皆是也。《抱朴子》："寅日山中称令长者，狸也。"是猫为狸类，与虎同属于寅，诸义悉合。

家猫为猫，野猫为狸。

狸亦有数种。大小似狐，毛杂黄黑，有斑如猫，圆头大尾者，为猫狸，善窃鸡鸭。《正字通》

◎　汉按：俗谓阔口者为猫，尖嘴者为猫狸。

一种灵猫，

生南海山谷，状如狸，

自为牝牡，阴香如麝。

———————

《本草纲目》

◎　黄香铁待诏钊曰："灵猫见《肇庆志》，即
《山海经》所谓类也。自为牝牡，又名不求人，
状如猫，而力甚猛，其性殊野。夏森圃观察摄
肇庆府篆时，市得其一，以《山海经》有食之
不妒之说，命庖人烹之，以进其夫人。不欲食，
乃送书房佐餐。余时课其公子读，食之，其味
似猫肉。"

一种香猫，如狸，出大理府，文如金钱豹，此即《楚辞》所谓"文狸"，王逸称为"神狸"。《丹铅录》

《星禽真形图》："心月狐，有牝牡两体，其神狸乎？"《本草集解》

香狸有四外肾，其能自为牝牡。《酉阳杂俎》

◎ 汉按：《楚辞》之神狸，与《星禽图》之神狸，名实似乎不同，盖一指兽言，一指星精言。其自为牝牡之说，则与《本草》所谓灵猫、《山海经》所谓类者，皆一物也。至于黑契丹亦产香狸，文似土豹，粪溺皆香如麝，见刘郁《西使记》。此则与陆氏《八纮译史》所载"厄入多国之山狸，其形似麝，脐有肉囊，香满其中"者，似又非类中之同类尔，惟皆称"狸"不称"猫"。而《丹铅录》乃云"香猫"即"神狸"，其必有所据也。

一种玉面狸，

人捕畜之，鼠皆贴伏不敢出。

《广雅》

◎ 汉按：《闽记》："牛尾狸，一名玉面狸，亦善捕鼠。"而张孟仙刺史应庚曰："神狸、玉面狸，皆言狸而实非猫也。虽有野猫为狸之称，但野猫形近于猫，不过家与野之分耳。狸则长身似犬，大有不同，盖狐之属。"

◎ 汉按：狸与猫古称不一，但能捕鼠即猫之属也。如《淮南子》云："狐目狸脑，鼠去其穴。"又《文选》注引《仓颉篇》："狖似猫拤鼠，出河西。"《广雅》曰："狭，狖也。"今余友朱元撰先生所纂《学选质疑》以谓狖乃狸属，非猿狖之狖。此从豸，彼从犬。据此数说，则兽能捕鼠者非独猫也。况心月狐一说，是猫与狸皆狐之属，故并能祛鼠。古人猫、狸并称，当必以此。

或云"猫虽灵物，独不列于二十八宿"，是诚未见《星禽真形图》耳。考《管窥辑要》"二十八宿打阵破禽法"云："女土蝠值日，是鼠精战斗，则用青衣、青旐并罩网，及猫儿打入，他阵可破。此盖以狐之类神，制鼠之化𤟤也。"然则猫何尝不列于二十八宿耶？要之，猫也，狸也，玉面狸也，种虽不同，而其类无不同也。

一种名蒙贵，类猫而大，高足而结尾，捕鼠捷于猫。《海语》

◎　汉按：《广东通志》作"獴獢"。有黑白黄狸四色，产暹罗者最良。安南亦产蒙贵，见《八纮译史》。考《尔雅》作："蒙颂，猱状。"郭注："状如蜼而小，紫黑色，九真、日南出之。"而《集韵》乃云："猱即蒙贵也。紫黑色，捷于捕鼠。"李雨村《粤东笔记》云："《海语》以舶估挟至广，常猫见而避之，豪家每以十金易一，今粤人所称洋猫，大抵即獴獢也。然而虞虹升彻以蒙贵非猫，今称猫为蒙贵者误，见《天香楼偶得》。"

◎　黄香铁待诏云："《陵水志》载有海鼠重百斤，然犹畏猫，遇獴獢啮其目而毙。"汉又按：乙苟满国，其鼠大如猫，见《八纮译史》。

一种虦猫，

尽似虎而浅毛者，《尔雅》称为

"虎窃毛"。

◎　汉按：虦，《韵会》作"虥"，音栈。《玉篇》云：
"猫也。"考《尔雅》："甝麙，如虦猫，食虎豹。"

一种海狸，产登州岛上，
猫头而鱼尾。

《登州府志》

◎ 汉前在山东见一猫，头扁而尾歧，盖方琦广文云此产皮岛中，名岛猫，或呼磩猫，其状极似登州海狸也。

一种三足猫，

人家得此主富乐，

故云"猫公三足，主翁富乐"。

———————————

《相畜余编》

◎　山阴诸缉山熙曰："电白县水东镇浙人杨姓，
畜一猫而三足，后一足短软，不具其形。其眼一
黄一白，俗呼'日月眼'，甚瘦小，声亦细，鼠
闻声辄避。见狗即登其背，龁其耳，狗亦畏之。"

一种野猫、花猫，

宋安陆州尝以充贡，

李时珍谓即虎狸、九节狸。

———————————

《本草纲目》

◎　汉按：《格物论》："九节狸，金眼长尾，黑质白章，尾文九节。"《本草集解》谓："似虎狸，而尾有黑白钱文相间者，为九节狸。"第此既有野猫、花猫之称，自是猫属，则与《闽记》所称牛尾狸，亦名玉面狸者同。能祛鼠，似不得概指为狐狸也。

◎ 又考李雨村《粤东笔记》："南越猫狸，文多锦钱，此与虎狸之尾钱文相间者差同。"

◎ 胡笛湾知醨秉钧云："南方有白面而尾似牛者，为牛尾狸，亦曰玉面狸，专上树木，食百果，冬月极肥，人多糟为珍品，大能醒酒。"梅尧臣宣州诗："沙水马蹄鳖，雪天牛尾狸。"汉按：梁绍壬《秋雨庵随笔》云："蒸玉面狸以蜜，使不走膏。"

◎ 又云："杨万里偶生得牛尾狸，献诸丞相益公，侑以长句云：'山童相传皂衣郎，字曰季狸氏奇章。'又诗云：'狐公韵胜冰玉肌，字则未闻号季狸。'"

◎ 又云："苏子瞻《牛尾狸》诗：'首如狸，尾如牛，攀条捷崄如猱猴，橘柚为浆栗为糇。'"

一种四耳猫，出四川简州，
神于捕鼠，本州岁以充方物。

———————

《西川通志》

◎　张孟仙刺史云："四耳者，耳中有耳也，州官每
岁以之贡送寅僚，所费猫价不少。"

◎　华润庭云："昔李松云中丞之女公子爱猫，中丞守成
都时，简州尝选佳猫数十头，并制小床榻，及绣锦帏帐
以献。孙平叔制军有女孙亦爱猫，督闽浙时，台湾守令
所献，亦多美猫。"润庭，名滋，德阳山人。

◎　裘子鹤参军桢云："以床榻绣锦帏帐处猫，此古
今创格，张大夫之绿纱幮，不得专美于前矣。"

汉按：猫有绿纱幮，幸矣，不意后世复有绣锦帏
褥之享也。第猫多畏寒，冬日，余尝制绵褓衣之，免
使煨灶投床，不犹愈于纱幮锦褥者耶？

一种狮猫，形如狮子。

———————————

《老学庵笔记》

◎ 张孟仙曰："狮猫，产西洋诸国，毛长身大，不善
捕鼠。一种如兔，眼红耳长，尾短如刷，身高体肥，虽
驯而笨。近粤中有一种无尾猫，亦来外洋，最善捕鼠，
他处绝少见之，可谓绝品，不得概以洋猫而薄之也。"

◎ 张心田炯云："狮猫眼有一金一银者，余外祖胡
公光林守镇江，尝畜雌雄一对，眼色皆同，余少住
署中，亲见之。"汉按：金银眼又名阴阳眼。

◎ 汉按：狮猫，历朝宫禁卿相家多畜之，咸丰元
年五月，太监白三喜使侄白大进宫取狮猫。另因他
事，酿案奏办，见《邸报》。

一种飞猫，印第亚，
其猫有肉翅，能飞。

《坤舆外记》

◎　汉按：李元《蠕范》亦载此，惟不
指明西洋何国。考《八纮译史》并《汇
雅》，天竺国及五印度，猫皆有肉翅，
能飞，其即此欤？

一种紫猫，产西北口，视常猫为大，毛亦较长而色紫，土人以其皮为裘，货于国中。王朝清《雨窗杂录》

◎　汉按：今京师戏称紫猫为翰林貂，盖翰林例穿貂，无力致者，皆代以紫猫，故有是称，颇雅驯也。

一种歧尾猫，产南澳，其尾卷，形若如意头，呼为麒麟尾，亦呼如意尾，捕鼠极猛。

◎　海阳陆章民盛文云："南澳地如虎形，产猫猛捷，惟忌见海水，谓能变性。携带内渡者，必藏闭船舱，方免此患。"

◎　山阴丁南园士羲云："海阳县丰裕仓有猫，麒麟尾，善于治鼠，一仓赖焉。"

◎　潮阳县文照堂自莲师，有小猫一只，尾梢屈如麒麟尾，纯黑色，惟喉间一点白毛如豆，腹下一片白毛如小镜，虽《相猫经》未有载名，可称喉珠腹镜也。汉自记

◎　山阴孙赤文定蕙云："山阴西湾人家，有一白猫，尾分九梢，梢有肉桩，皆极细，而各梢之毛，毧毧然如狮子尾，人呼为九尾猫。"

毛犀，即象也，善知吉凶。人呼为猫猪，交广人谓之猪神。
《丹铅录》

◎　黄香铁待诏云：“崖州有一种猫蛇，其声如猫，见《琼州志》。”

◎　胡笛湾知辖云：“仙蜂，出休与山，形如猫，爱花香，闻有异香，虽远必至，食而后返。见《女红余志》。”

◎　汉按：《山海经》有兽如狸，白首，曰天狗，食蛇，其音如猫。又忽鲁谟斯国奇兽，名草上飞，大如猫，而玳瑁斑，百兽见之皆伏。尤悔庵《外国竹枝词》：“玳瑁斑斑草上飞。”见《龙威秘书》。又亚毗心域国物产，有名亚尔加里亚，其兽如猫，尾后流汁，黑人阱于笼中，以刀削其干汁，以为奇香。又亚鲁小国有飞虎，大不过如猫，有肉翅，飞不能远，并见《八纮译史》。又蚺蛇声甚怪，似猫非猫。又有鸟猫，首似鸺鹠，鸣曰：“深掘深掘。”并见《赤雅》。

以上皆非猫而有猫之形声名状者，其于猫，诚为非类而类也。故附兹篇末，以备异览。

形相

何物无形，何物无相，形相既具，优劣从分，况猫之优劣系于形相间者尤挚，故因言种类而继及之，取材者可从而类推焉。辑形相。

［清］沈振麟　《猫竹图》

猫之相有十二要，

皆出《相猫经》，

兹备录之：

头面贵圆。

《经》云："面长鸡种绝。"

耳贵小贵薄。

《经》云："耳薄毛毡不畏寒。"又云："耳小头圆尾又尖，胸膛无旋值千钱。"

◎　汉按：李元《蠕范》云："猫性畏寒，而不畏暑。"《花镜》云："猫初生者，以硫黄纳猪肠内，煮熟拌饭与饲，冬不畏寒，亦不恋灶。"

眼贵金银色，忌黑痕入眼，忌泪湿。

《经》云："金眼夜明灯。"又云："眼常带泪惹灾星。"又云："乌龙入眼懒如蛇。"

◎　汉按：《神相全编》："人相得猫眼，主近贵隐富。"又按：乌龙入眼之猫，未必皆懒，余尝畜之，勤捷弥甚，惟患遭凶，盖恶纹犯忌故耳。

鼻贵平直，宜干，忌钩及高耸。

《经》云："面长鼻梁钩、鸡鸭一网收。"又云："鼻梁高耸断鸡种，一画横生面上凶。头尾欹斜兼嘴秃谓无须，食鸡食鸭卷如风。"

须贵硬，不宜黑白兼色。

《经》云："须劲虎威多。"又云："猫儿黑白须，厨屎满神炉。"

腰贵短。

《经》云：“腰长会过家。”

后脚贵高。

《经》云：“尾小后脚高，金褐最威豪。”

爪贵藏，又贵油爪。

《经》云：“爪露能翻瓦。”又云：“油爪滑生光。”

◎　陶文伯炳文云：“猫行地，有爪痕者，名油爪，此为
上品。”

尾贵长细尖，尾节贵短，又贵常摆。

《经》云：“尾长节短多伶俐。”又云：“尾大懒如蛇。”
又云：“坐立尾常摆，虽睡鼠亦亡。”

◎　汉按：猫以尾掉风，截而短之，则不能掉矣，威
状大损。今越人养猫故截短其尾，殊失本真。

◎　遂安余文竹曰：“《续博物志》云：‘虎渡河，竖
尾为帆。’则猫之以尾掉风一语，亦自有本。”

声贵喊。夫喊，猛之谓也。

《经》云："眼带金光身要短，面要虎威声要喊。"

◎　汉按：谚云"好猫不做声"，非谓无声，若一做声，则猛烈异常，甚有使鼠闻声惊堕者，此喊之足贵也。

猫口贵有坎，九坎为上，七坎次之。

《经》云："上腭生九坎，周年断鼠声。七坎捉三季，坎少养不成。"并见《挥麈新谭》及《山堂肆考》。

◎　桐城姚百徵先生龄庆云："猫坎分阴阳，雄猫则九七五，奇数也，九为上，七次之，五为下；雌猫则八六四，偶数也，八为上，六次之，四为下，但四坎者绝少，故雌者每佳，而雄者多劣，皆五坎也。"此说发前人所未言，盖从格致中来者，足以补《相猫经》之阙。

睡要蟠而圆，藏头而掉尾。

《经》云："身屈神固，一枪自护。"

◎ 汉按：猫相具此十二要之外，又有
所谓五长，名蛇相猫，亦良，盖头尾身
足耳无一不长。若五者俱短，名五秃，
能镇三五家，见《相猫经》。

◎ 王玥亭少尹宝琛初尉平远时，寓中多鼠，于民家索得一猫捕之，鼠患一靖。猫甚灵驯恋旧，虽养于公寓，时返故主，旋迁住衙署，仍不忘原寓及故主之家，常复遍历。盖三处往来，鼠耗皆绝，所谓佳猫之能镇三五家者，洵不诬已。

◎ 又按：粤人验猫法，惟提其耳而四脚与尾随即缩上者为优，否则庸劣。湘潭张博斋以文谓掷猫于墙壁，猫之四爪能坚握墙壁而不脱者，为最上品之猫，此又一验法也。

毛色

猫之有毛色，犹人之有荣华。悦泽者翘举，憔悴者委靡，此固定理。然而美恶岐而贵贱判，否泰亦于是寓焉。夫有形相，斯有毛色，二者固相为表里也。辑毛色。

猫之毛色，

以纯黄为上，纯白次之，纯黑又次之。

其纯狸色，亦有佳者，皆贵乎色之纯也。

驳色，以乌云盖雪为上，玳瑁斑次之，

若狸而驳，斯为下矣。

《相猫经》

◎　汉按：纯黄为金丝，宜母猫；纯黑为铁色，宜公猫。然黄者多牡，黑者多牝。故粤人云："金丝难得母，铁色难得公。"

凡纯色，无论黄白黑，皆名四时好。《相猫经》

◎　姚百徽云："家伯山東之宰揭阳日，于番舶购得一猫，洁白如雪，毛长寸许，粤人称为'孝猫'，蓄之不祥。后伯山升同知及知府，此猫俱在，无所谓不祥也。"汉按："孝猫"二字甚新。纯白猫，瓯人呼为雪猫。

金丝褐色者尤佳，故云："金丝褐色最威豪。"《相猫经》

◎　汉按：褐黄黑相兼之色，褐而带金丝者，名金丝褐，诚所罕见。

楚州射阳猫，有褐花色者；灵武猫，有红叱拨色，及青骢色者。《酉阳杂俎》

一种三色猫，盖兼黄白黑，又名玳瑁斑。《相猫经》

乌云盖雪，必身背黑，而肚腿蹄爪皆白者方是。若仅止四蹄白者，名踏雪寻梅，其纯黄白爪者同。《相猫经》

纯白而尾独黑者，名雪里拖枪，最吉。故云："黑尾之猫通身白，人家畜之产豪杰。"通身黑，而尾尖一点白者，名垂珠。《相猫经》

纯白而尾独纯黑，额上一团黑色，此名挂印拖枪，又名印星猫。人家得此主贵，故云："白额过腰通到尾，正中一点是圆星。"《相猫经》

◎ 巨鹿令黄公_{虎岩}有印星猫一对，常令人喜悦，惟不善捕鼠。然有此猫，则署中鼠耗肃清，官事亦顺吉，是即贵之验。_{虎岩名炳，镇平人，道光间由副榜通籍。}

◎ 陶文伯云："余家畜一白猫，其尾独黑，背上有一团黑色，额上则无，是可称负印拖枪也。肥大，重可七八斤，性灵而驯，每缚置案侧，偶肆叫跳，以竹梢鞭之，亟知趋避，或俯首帖伏。其常时，虽以杖惧之，略无怯色。"

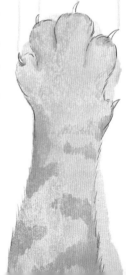

纯乌白尾者亦稀，名银枪拖铁瓶。《相猫经》

◎　黄香铁待诏云："《清异录》载，唐琼花公主，自
丱角养二猫，雌雄各一。白者名衔花朵，而乌者惟白
尾而已，公主呼为麝香輪妲己。"

◎　汉按：《表异录》亦载此，其一黑而白尾者，为
银枪插铁瓶，呼为昆仑妲己；其一白而嘴边有衔花
纹，呼为衔蝉奴，与《清异录》所载稍异。

通身白而有黄点者，名绣虎；身黑而有白点者，名
梅花豹，又名金钱梅花；黄身白肚者，名金被银床；
若通身白而尾独黄者，名金簪插银瓶。《相猫经》

◎　诸缉山曰："阳江县太平墟客寓，有一纯白猫，
而尾独黄，俗呼金索挂银瓶。重十余斤，捕鼠甚良，
谓得此猫，家业日盛。"

通身或黑或白，背上一点黄毛，名将军挂印。《相猫经》

🐾 纯白而尾独纯黑，额上一团黑色，此名挂印拖枪

🐾 身上有花，四足及尾又俱花，谓之缠得过

🐾 黄身白肚者，名金被银床

乌云盖雪，必身背黑，而肚腿蹄爪皆白者方是

一种三色猫，盖兼黄白黑，又名玳瑁斑

通身白而有黄点者，名绣虎

若仅止四蹄白者，名踏雪寻梅

身上有花，四足及尾又俱花，谓之缠得过，亦佳。《致富奇书》

猫有拦截纹，主威猛。有寿纹，则如八字，或如八卦，或如重弓重山。无此纹，则懒阘无寿。《相畜余编》

◎　汉按：拦截者，顶下横纹也，主猫有威，犹虎之有乙也。

纯色猫带虎纹者，惟黄及狸，若紫色者绝少。紫色而带虎纹，更为贵品。《相畜余编》

◎　吴云帆太守尝畜一猫，纯紫色，光彩夺目，长而肥大，重可十余斤，自是佳种。张冶园述。

猫有旋毛，主凶折，故云："胸有旋毛，猫命不长。左旋犯狗，右旋水伤。通身有旋，凶折多殃。"《相猫经》

毛生屎窟，屎屎满屋，非佳猫也。《相猫经》

◎　汉按：珞璟子云："猫能掩屎，灵洁可喜，故好洁之猫，无不灵也。"

凡花猫其花朝口，主咬头牲。

《崇正辟谬通书》

◎ 张孟仙曰："猫之色杂者为雌，纯者为雄，所谓玳瑁斑者，杂而雌也。雪里拖枪、乌云盖雪虽有二色，皆算纯色而为雄也。"此说亦新。夫毛色有生辄定，未有一岁之间，两变其色者。余友诸缉山谓："阳江县深坭村孙姓盐丁有纯白猫，冬至后渐长黑毛，交夏至则纯黑矣。过冬至复又黑白相间，次年夏至仍为纯白，是年年换色者也，可称瑞物。盖见造化赋物之奇，无乎不可。"

◎ 寿州余蓝卿士瑛云："余昔舟泊扬州，见一技者于通衢之市，周以布障，鸣锣伐鼓，招致观者。场东有猴驱狗为马，演诸杂剧；场西有猫高坐，端拱受群鼠朝拜，奔走趋跄，悉皆中节。猫则五色俱备，青、赤、白、黑、黄交错成文，望之灿若云锦。问所由来，云自安南，匪特罕见，实亦罕闻。或曰此赝鼎也，殆亦临安孙三染马缨之故智欤？"

汉按：毛色可伪至此，亦神乎其技矣。

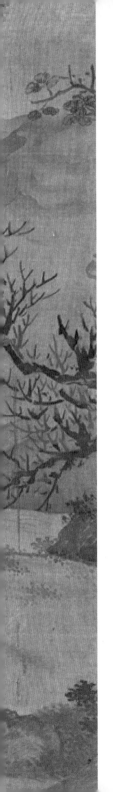

灵异

物之灵蠢不一，灵者异而蠢者庸，于此可以见天禀也。若猫于群兽，其灵诚有独异，盖虽鲜乾坤全德之美，亦具阴阳偏胜之气。是故为国祀所不废，而于世用有攸裨也。辑灵异。

腊日迎猫，

以食田鼠，

谓迎猫之神而祭之。

《礼记》

唐祀典有祭五方之鳞羽蠃毛介，五方之猫、於菟及龙、麟、朱鸟、白虎、玄武，方别各用少牢一。《旧唐书》

◎ 汉按：礼八蜡有猫虎、昆虫。后王肃分猫、虎为二，无昆虫。张横渠以为然，见经疏。

◎ 仁和陈笙陔振镛曰："杭人祀猫儿神，称为降鼠将军，每岁终，祭群神必皆列此。"

◎ 张衡斋振钧云："金华府城大街有差猫亭，本先朝军装局，相传有鼠患甚暴。朝廷差赐一猫，而鼠暴顿除。后立庙其地，称灵应侯至今，里人奉为社神，呼为差猫亭云。"

◎ 猫眼定时甚验，盖云："子午卯酉一条线，寅申巳亥枣核形，辰戌丑未圆如镜。"一作"寅申巳亥圆如镜，辰戌丑未如枣核"，余同。皆见《通书》《选择书》。

汉按：《酉阳杂俎》仅云："猫眼旦暮圆，至午竖成一线。"又按：初生猫，血气未足，瞬息无常，以之定时，仍属无验。

南番白湖山，有番人畜一猫，后死，埋于山中。久之，猫见梦曰："我活矣，不信，可掘观之。"及掘之，惟得二睛，坚滑如珠，验十二时无误。

《嫏嬛记》

◎　汉按：一种宝石，中含水痕一线，摇之似欲动者，横斜皆可视，名为猫儿眼。

◎　黄香铁待诏云："真腊国主指展上，皆嵌猫儿眼睛石。"

◎　汉又按：《八纮译史》："默德那即古回回祖国，产猫睛，大小按时。"据此则是活宝石也。又"锡兰国海山上，出宝石猫睛，碧者名瑟瑟，红者名鞑鞡"，而《八纮译史》又载："伯西尔国人少之时，凿颐及下唇作孔，以猫睛、夜光诸宝石嵌之为美。"又"真腊国王手足皆戴金镯，嵌以猫睛"。是非仅指展上嵌之而已。

◎　《秦淮闻见录》："饰有瑶钗宝珥，火齐猫睛。"盖述妓人华饰也。

猫鼻端常冷，惟夏至一日暖，
盖阴类也。

———————————

《酉阳杂俎》

猫于黑暗中，逆循其毛，能出火星者为异，
并不生蚤虱。同上

猫洗面过耳，主有宾客至。同上

◎　汉按：瓯谚，猫洗面，日有次度者，谓随
潮水长落。

猫与虎同，皆能画地卜食。

◎　胡笛湾知醛云："此即《埤雅》所载，今俗谓之卜鼠是也。"

凡寅月子日子时，朱书。此符贴于灶上，勿令人见，可以辟鼠。王纕堂《卫济余编》

刻木为猫，用黄鼠狼尿，调五色画之，鼠见则避。《夷门广牍》

椿树叶、冬青叶、丝瓜叶曝干，每四季，焚于堂中，鼠自避去。此名金猫辟鼠法。《寿世保元》

◎　汉按：瓯俗，每岁立春之时，燃樟叶爆竹于门堂奥室诸处，名为燂春。口号云："燂春燂燂，猫儿眼光燂燂，老鼠眼膜瞎。"盖咒鼠目之瞎也。有应者，终年鼠患为稀。

◎　汉按：吴小亭家藏王忘庵所画《乌猫图》，自题十六字云："日危宿危，炽尔杀机。乌圆炯炯，鼠辈何知。"其首句，咸不解所谓，余按家香铁待诏《重午画钟馗》诗云："画猫日主金危危。"则知危日值危宿，画猫有灵。必兼金日者，金为白虎之神。忘庵句盖本乎此。然则假猫之灵以辟鼠，其术亦多矣哉。

牝猫无牡交，但以竹帚扫背数次则孕。又一法，用木斗覆猫于灶前，以帚击斗，祝灶神而求之，亦有胎。《本草纲目》

◎　黄香铁待诏云："山东河北人谓牝猫为女猫。《隋书·独孤陀传》：'猫女向来无住宫中。'是隋时已有此语。见顾亭林《日知录》。"

猫孕两月而生。

———————

《本草纲目》

◎　汉按：猫成胎有三月而产，名
奇窝；四月而产，名偶窝。养至一
纪为上寿，八年为中寿，四年为下
寿，一二年者为夭。浙中以单胎者
为贵，双胎者贱。一胎四子，名抬
轿猫，贱而无用；若四子毙其一二，
则所存者亦佳，名为返贵。见王朝
清《雨窗杂录》。

◎　华润庭云："猫胎以少为贵，故有一龙二虎之说。"又云："猫以腊产为佳，初夏者名早蚕猫，亦善。秋季次之。夏为劣，以其不耐寒，冬必向火，名煨灶猫。"

汉按：猫煨火皮瘁，硫黄纳猪肠中，煮热喂之，愈。见《致富奇书》。

◎　陶文伯云："猫怀胎，血气不足者，往往亦成小产，是人兽有同然者。"

◎　钮华庭少尹光存云："虎一生不再交，以虎阳有逆刺也，其痛楚在初。猫一岁仅再交，以猫阳有顺刺也，其痛楚在终。余畜之阳无刺，无所痛楚，故其交无度。"

汉按：此说故老相传，甚近理，足为格致之助。大抵猫之交，常于春秋二季，其头交时，则牝牡相呼，虽远必寻声而至，俗谓之叫春。

◎　张衡斋云："凡猫交，必春猫遇春猫，冬猫遇冬猫始交。夏秋之猫亦然。否则，虽强之，不合也。"此说未经人道，想亦气类相求故耳。

猫初生，见寅肖人，而自食其子。《黄氏日抄》

◎　汉按：猫产子，目未瞬者，子肖人见之，则食子。或曰，生于子日，见子肖人则食子，与黄氏之说异。

猫食鼠，上旬食头，中旬食腹，下旬食足，与虎同。阴类之相符如此。李元《蠕范》

◎　汉按：一说食旬，各有所先，月初先头，月中先腹，月尾先腿脚，食有余者，小尽月也。
◎　华润庭曰："猫食鼠，分三旬，亦有捕鼠无算，绝不一食者，其种之最良欤？"
◎　又曰："猫食鼠，或于衣物茵席之上，勿惊驱之，听其食毕，自无痕迹。若逼视之，则血污狼藉矣。或谓当食时视之，则齿软，以后不复能啮鼠。"
◎　常州张槐亭集云："猫一名家虎，鼠一名家鹿，猫之食鼠尚矣，惟是豺祭兽时，不知鹿在其中否也。"

北人谓猫过扬子江金山，则不捕鼠。

厌者剪纸猫投水中，则不忌。

———————————

《西阳杂俎》

◎　汉按：《渊鉴类函》云："昔韩克赞尝于汝宁带回一猫，过江果不捕鼠。"

◎　丰顺丁雨生茂才曰昌云："物各有所喜，如《诗传》"马喜风、犬喜雪、豕喜雨"，而猫独喜月，故月夜常登屋背，盖与狐狸同性也。"

猫喜与蛇戏，或谓此水火相因之义。以猫属阴火，而螣蛇水畜而火属也。

王朝清《雨窗杂录》

◎　汉按：猫并喜自戏其尾，故北人有"猫儿戏尾巴"之谚。

◎　山阴张冶园锜曰："猫与蛇斗，俗称龙虎斗。尝见猫蛇斗于屋背，蛇败，穿瓦罅下遁，适屋下人遇之，以锄挥为两段，上段飞去，已而结成翻唇肉疤，大如碟。一日，断蛇者昼卧于床，蛇穿其帐顶，欲下啮之。因肉疤格搁，猫适见之，登床猛喊。其人惊醒，见蛇，惧而避之，幸未遇噬。人谓'蛇知报冤，猫知卫主'。"

猫解媚人，故好之者多，猫固狐类也。彭左海《燃青阁小简》

◎　汉按：越俗谓猫为妓女所变，故善媚，其说未免附会。

鼠啮猫，占主臣害君。《管窥辑要》

◎　汉按：唐宏道初，梁州仓有大鼠，长二尺余，为猫所捕得，鼠反啮之，见《五行志》。考《开元占经》，京房曰："众鼠逐狸，兹为有伤。臣代其王，忠为乱，天辟亡。"又曰："臣杀其君，大臣亡。"又曰："鼠无故逐狸狗，是谓反常，臣杀其君。"

凡梦虎斑猫，为阳袭阴之象，入室者吉，自内外窜不祥。去而复来者，得人心。《梦林元解》

凡梦狮猫，为丰亨久安之象，主门下人有勇而好义者，或果得佳猫以应。同上

凡梦猫鼠同眠，下必有犯上者。若当此时生小猫，则为劣物。同上

凡梦群猫相斗，主暮夜有戎之兆，于己无患。若梦家猫被他家猫咬伤，下人有灾。同上

凡梦猫捕鼠，主得财。须防子媳灾，姓褚者最忌。主有事南蛮，不返之兆。同上

凡梦猫吞蝴蝶，恐有阴私鬼害正人。同上

凡梦猫吞活鱼，主成家立业，手下得人；若至山东，更主获利。同上

◎　汉按：《梦林元解》一书，为葛稚川原本，邵康节续辑，至明陈士元增补成书，至数十卷之多。刻于明季，而国朝《四库全书》未曾收入。起自周官，宗夫长柳，引经证史，触类旁通，玄解灵警，发人深省，洵有裨于世教之书也。汉得此书，每以占梦，悉有应验。

俗传猫为虎舅，言虎事事肖猫。梁绍壬《秋雨庵笔记》

◎　汉按：虎凡肖猫，独耳小颈粗不同。然宋何尊师尝谓猫似虎，独耳大眼黄不同。世俗又称猫为"虎师"。相传笑话，谓

虎羡猫灵捷，愿师事之。未几，件件肖焉，而独不能上树，与夫转颈视物。虎乃以是咎猫，猫曰："尔工噬同类，我能无畏？留斯二者，正为自全地耳！若尽以传尔，他日其能免于尔口哉？"

猫肉治蛊毒，涎治瘰疬，胎治反胃。又牙同人牙猪犬牙，煅研，蜜水服，治痘疮倒靥。《本草纲目》

◎　汉按：《本草》："猫肉不佳，不入食品。故用之者稀。或谓猫肉食之发痫，缩膀胱，妇人窒经，小儿败痘，又闻小儿常食鼠肉，可以稀痘，则猫肉败痘可知。"《本草》又云："正月勿食猫肉，能伤人。"此与《礼·内则》"食狸去正脊，为不利人"其义相合，益见食猫肉之有损也。

◎　黄香铁待诏云："余乡人多喜食猫肉，谓可疗治痔疾。"

◎　陶文伯云："猫肉食者甚少，惟铁匠喜食之，以其性寒，可泄积热。"

◎　张暄亭参军德和云："罗定州人皆喜食猫肉，与嘉应州人喜食犬肉同，岂其别有滋味耶？"

黑猫头骨烧灰，治心下鳖_{jiǎ}瘕及痰喘，走马牙疳_{gān}。《寿域方》

黑猫头骨灰，治对口毒疮。《便民食疗方》

妖魅猫鬼为祟，病人不肯言，以鹿角屑捣末，水服方寸匕，即言实也。《本草纲目》

华佗治尸注有狸骨散，又猫肝治疰，及劳瘵杀虫。同上

人病歌哭不自由，腊月死猫头烧灰，水服自愈。《千金方》

人被鼠咬伤，猫毛烧存性，入麝香少许，香油调敷。《景岳全书》

◎　汉按：此方，赵氏系用猫头骨煅灰。又云："猫毛烧灰膏，和治鬼舐头疮。"

蜒蚰入耳，猫尿滴治之。以姜蒜擦猫牙鼻，则尿自出。又猫尿治蝎螫。又和桃仁，治小儿疟疾。《本草纲目》

猫照镜，慧者能认形发声，劣猫则否。《丁兰石尺牍》

久晴，猫忽非时饮水，主天将雨。瓯谚

猫能饮酒，

故李纯甫有《猫饮酒》诗。

――――――――

《古今诗话》

◎　汉按：猫饮酒，余尝试之，果尔。但不可骤饮以杯，须蘸抹其嘴，猫舔有滋味，则不惊逸。然十余巡后，辄觉醺醺如也。今之猫又能食烟。陈寅东巡尹曰："有张小涓者，为浙中县尉。尝侨寓温州，有猫数头，惯登烟榻，小涓常含烟喷之，猫皆能以鼻迎嗅。久之，形状如醉。每见开灯辄来，敛具则去，于是人皆谓张小涓猫亦有烟念，闻者莫不粲然。"然则猫于烟酒乃有兼嗜焉，亦可笑也。

马鞭坚韧，以击猫，则随手折裂。《范蜀公记事》

猫死，不埋于土，悬于树上。
《埤雅》

猫死，瘗于园，可以引竹。李元《蠕范》

独孤陀外祖母高氏，事猫鬼，以子日之夜祭之。子，鼠也。猫鬼每杀人取财物，潜归祀者家。鬼将降，其人则面正青，若被牵拽然。陀后败，免死。《北史》

隋大业之季，猫鬼事起，家养老猫为厌魅，颇有神灵。递相诬告，郡邑被诛者数千余家，蜀王秀皆坐之。《朝野佥载》

燕真人丹成，鸡犬俱升仙，独猫不去。人尝见之，就洞呼仙哥，则闻有应者。

———————

《山川记异》

◎ 嘉兴蒋稻香先生田有黄蜡石，酷肖猫形。家香铁待诏题之为"洞仙哥"，洵属雅切。

司徒马燧家猫生子同日，其一母死，有二子，其一母走而若救，为衔置其栖，并乳之。韩昌黎《猫相乳说》

左军使严遵美，阉宦中仁人也。尝一日发狂，手足舞蹈。旁有一猫一犬，猫忽谓犬曰："军容改常矣，癫发也。"犬曰："莫管他。"俄而舞定，自惊自笑，且异猫犬之言。遇昭宗播迁，乃求致仕。《北梦琐言》

蜀王嬖臣唐道袭家所畜猫，会大雨，
戏水檐下，稍稍而长，俄而前足及檐，
忽雷电大至，化为龙而去。

———————

《稽神录》

成自虚，雪夜于东阳驿寺遇苗介立，吟诗曰："为惭食肉主恩深，日晏蟠蜿卧锦衾。且学智人知白黑，那将好爵动吾心。"次日视之，乃一大驳猫也。《渊鉴类函》

◎　汉按：唐进士王洙《东阳夜怪录》云："彭城秀才成自虚，字致本，元和九年十一月九日到渭阳县。是夜风雪，投宿僧寺，与僧及数人因雪谈诗。病僧智高，为病橐驼也；前河阴转运巡官左骁卫胄曹长，名庐倚马者，为驴也。又有敬去文者，为狗也；有名锐金姓奚者，为鸡也。有桃林客轻车将军朱中正者，为牛也；胃藏瓠，即刺猬也。"又议苗介立云："蠢兹为人，甚有爪距。颇闻洁廉，善主仓库。惟其蜡姑之丑，难以掩于物论。"苗介立曰："予斗伯比之胄下，得姓于楚，自皇茹分族，则祀典配享，著于《礼经》者也。"

苏子由曾试黄白之法，既举火，见一大猫据炉而溺，叱之不见，丹终不成。《说铃》

◎　汉按：许逊有幻术，为人烧丹，每至四十九日将成，必有犬逐猫，触其炉破，见宋张君房《乘异记》。余谓两丹之坏，各有所由，惟同出于猫，亦异矣。

杭州城东真如寺，弘治间有僧曰景福，畜一猫，日久驯熟。每出诵经，则以锁匙付之于猫。回时，击门呼其猫，猫辄舍匙出洞；若他人击门无声，或声非其僧，猫终不应之。此亦足异也。
《七修类稿》

金华猫，

畜之三年后，每于中宵蹲踞屋上，

伸口对月，

吸其精华，

久而成怪。

每出魅人，逢妇则变美男，逢男则变美女。

每至人家，先溺于水中，人饮之，则莫见其形。

凡遇怪来宿夜，以青衣覆被上，迟明视之，若有毛，则潜约猎徒，牵数犬至家捕猫，炙其肉以食病者，自愈。

若男病而获雄，女病而获雌，则不治矣。

府庠张广文有女，年十八，为怪所侵，发尽落，后捕雄猫治之，疾始瘳。《坚瓠集》

靖江张氏泥沟中，时有黑气如蛇上冲，天地晦冥，有绿眼人乘黑淫其婢，因广访符术道士治之，不验。乃走求张天师，旋见黑云四起，道士喜曰："此妖已为雷诛矣！"张归家视之，屋角震死一猫，大如驴。《子不语》

郭太安人家畜一猫，甚灵。婢见必挞之，猫畏婢殆甚。一日有馈梨，属婢收藏，既而数之，少六枚。主人疑婢偷食，鞭笞之。俄从灶下灰仓中觅得，刚六枚，各有猫爪痕。知为猫所偷，报婢之怨。婢忿欲置猫死地，郭太安人曰："猫既晓报怨，自有灵异。苟置之死，冤必增剧，恐复为祟。"婢乃恍然，自是辄不再挞猫，而猫亦不复畏婢矣。《阅微草堂笔记》

某公子为笔帖式，爱猫，常畜十余只。一日，夫人呼婢不应，忽窗外有代唤者，声甚异。公子出视，寂无人，惟一狸奴踞窗上，回视公子，有笑容。骇告众人同视，戏问："适间唤人者其汝耶？"猫曰："然。"众乃大哗，以为不祥，谋弃之。《夜谭随录》

永野亭黄门，言一亲戚家，猫忽有作人言者，大骇，缚而挞之。求其故，猫曰："无有不能言者，但犯忌，故不敢尔。若牝猫，则未有能言者。"因再缚牝猫，挞之，果亦作人言求免。其家始信而纵之。同上

护军参军舒某，善讴歌。一日，户外忽有赓歌，清妙合拍。潜出窥伺，则猫也。舒惊呼其友同观，并投以石，其猫一跃而逝。同上

◎　汉按：猫作人言，初见于严遵美一节，笔帖式猫代为唤人，无甚不祥。若永黄门所述，牡猫皆能言，牝猫则否，此则为异耳。然不当言者而为言，则其被挞被弃也亦宜。此与《太平广记》所载猫言"莫如此，莫如此"，大抵皆寓言尔。至于猫学讴歌，则不啻虬知读赋，诚为别开生面。

◎　蒋稻香田云："阳春县修衙署，刚筑墙。一日，其匠未饭，有猫来，窃食其饭并羹。匠人愤极，旋捉得此猫，活筑墙腹以死。工竣后，衙内人皆不安，下人小口率多病亡。因就巫家占之，云：'此猫鬼为祟，在某方墙内。'于是拆墙，果得死猫，遂用巫者言，奠以香锭，远葬荒野，自是一署泰然。此道光十六年事，余时在幕，亲见之。"

◎　又云："湖南有猫山，相传昔有猫成精，族类甚繁，其子孙皆若知事。凡猫死，悉自葬此山，其冢累累然，不可计数。山出竹，名猫竹，甚丰美；其无猫葬处，则无之。猫竹之名，本此，作'毛''茅'皆非。"

汉按：瘗死猫于竹地，竹自盛生，并能远引竹至。据此，则《本草》载之不诬也。《洴澼百金方》有"猫竹军器"，亦不作"毛"。

◎ 余蓝卿云："嘉庆十六年，河南白莲教匪林清煽乱，烽烟绵亘数省。是时，中州人家有猫生狗，鸡窝出猫之异。"

◎ 孙赤文云："道光丙午夏秋间，浙中杭绍宁台一带，传有鬼祟，称为'三脚猫'者，每傍晚有腥风一阵，辄觉有物入人家室以魅人，举国皇然。于是各家悬锣钲于室，每伺风至，奋力鸣击，鬼物畏锣声，辄遁去。如是者数月始绝。是亦物妖也。"

◎ 会稽陶蓉轩先生汝镇云："猫为灵洁之兽，与牛驴猪犬迥异，故为贵贱所同珍。且古来奸邪之人，其转世堕落为牛为马、为犬为猪，如白起、曹瞒、李林甫、秦桧之辈，不一而足，未闻有转生而为猫者，可见仙洞灵物，不与凡畜侪矣。"

◎ 刘月农巡尹荫棠云："番禺县属之沙湾茭塘界上，有老鼠山，其地向为盗薮。前督李制府瑚患之，于山顶铸大铁猫以镇之。猫则张口撑爪，形制高巨。予曾缉捕至此，亲登以观，而游人往往以食物巾扇等投入猫口，谓果其腹。不知何故。"

◎ 胡笛湾知鲑云："天津船厂有铁猫将军，传系前朝所遗战船上铁猫。厂中废猫甚多，此独高大。因年久为祟，故有奉敕封号，每年例由天津道躬诣祭祀一次，至今犹奉行不替。"

◎ 余蓝卿云："金陵城北铁猫场有铁猫，长四尺许，横卧水泊中，古色斑斓，不知何代物。相传抚弄之，则得子。中秋夕，士女如云，咸集于此。"

僧道宏每往人家**画猫**，则**无鼠**。

邓椿《画继》

虎咬人，于前半月，则起于上身，下半月，则起于下身，与猫咬鼠同也。《七修类稿》

狸处堂而众鼠散。《吕氏春秋》

◎　汉按：此狸即指猫也，与《韩非子》等书所载同。

平阳灵鹫寺僧妙智，畜一猫，每遇讲经，辄于座下伏听。一日猫死，僧为瘗之，忽生莲花。众发之，花自猫口中出。《瓯江逸志》

崇祯十四年，楚府猫犬流泪，有哭泣声。是时潢池祸炽，楚府被害尤烈，此其咎征也。《绥寇纪略》

崇祯十五年，山东妇人生一物，双猫首，首有角，角之颠有目，身如人，手垂过膝。巡抚陈以闻于朝。同上

六畜有马而无猫，然马乃北方兽，南中安得家蓄而户养之？退马而进猫，方为不偏。毛西河曾有此说，后之硕儒，苟能立议告改《礼经》，自是不刊之典。淳安周上治《青苔园外集》

◎　汉按：昔年杨蔚亭广文，与太平戚鹤泉进士尝论及此。谓马为北产，力任耕战，故列六畜之首。论功用之宏，马为宜；论功用之溥，猫为正。《礼经》纂自北人，盖初不理会马之产惟北，而猫之产遍寰宇也，此说甚平允。蔚亭名炳，平阳人。

◎　张暄亭参军德和云："猫与蛇交，则产狸猫，故斑文如蛇也。"谓此说于权黄冈同守时，得之民间。噫，亶其然乎？然交非其类，禽兽往往有之，姑存其说，俟质博雅。汉自记

◎　姑苏陈爱琴本恭云："虎骨辟兽，猫皮辟鼠，獭皮辟鱼，鹰羽辟鸟，以其本性尚存也。然必原体方验，若骨煮、皮韰、羽熏，则不然。"

汉按：一西客云，皮草中一种细毛，黑润可爱，名为猫韰，似紫猫而实非也。此"韰"字见《周礼·考工记》鲍人注。考《释文》："韰，人允反。"《通俗编》云："治皮曰韰。"又见《六书正讹》："韰皮，俗作'滅'字，非。"

◎　桐城刘少涂继云："道光丙午春，余家所蓄老麻猫，生一子，白色，长毛氄氄，形如狮子。友人方存之云：'此异种也，不可易得。'养之年余，日夕在旁，鼠耗寂然。一日，天未明，猫忽至余床上，大吼数声而去，已而死焉。庸猫得奇子，灵异如此而不寿，惜哉！"

◎　董霞樵上舍旆云："川中一种峝苗，祀祖用苗曲，侏离不可解。谓其音曼衍，则神享而族盛。相传獠、獞、猺猫，皆百粤遗种，散处于滇、黔、楚、蜀及两粤之间，猫后改为苗。"霞樵，泰顺人，尝为川督蒋砺堂幕客。

◎　汉按：徽州班戏曲，有《猫儿歌》，亦称《数猫歌》，盖急口令之类。猫之嘴、尾数虽只一，而其耳与腿则二四递加，数至六七猫，口齿迫眘，鲜有不乱，盖急则难于计算耳。倪翁豫甫橤桐云："京师伎人，有名八角鼓者，唇舌轻快，尤善于此歌。虽数至十余猫，而愈急愈清朗，是精乎其伎者也。"

猫歌大略如："一只猫儿一张嘴，两个耳朵一条尾，四条腿子往前奔，奔到前村；两只猫儿两张嘴，四个耳朵两条尾，八条腿子往前奔，奔到前村。"下皆仿此，惟耳腿之数，以次递加尔。

◎　倪豫甫又云："河东孝子王燧家，猫犬互乳其子，言之州县，遂蒙旌表。讯之，乃是猫犬同时产子，取其子互置窠之，饮其乳惯，遂以为常。此见《智囊补》，列于伪孝条。想当时必以孝感蒙旌，然则物类灵异处，亦有可伪讬者，一笑。"豫甫，浙之萧山人。

◎　刘月农云："前朝太后之猫，能解念经，因得佛奴之号。余谓猫睡声喃喃似念经，非真解念经也。然而因此受太后盛宠，而得佛奴之懿号，庸非猫之异数也欤？"汉记

◎　谢小东学安云："俗称'猫认屋，犬认人'。屋瓦鳞比，虽

隔数百家，猫能觅路而归，然不能识主人于里门之外。犬之随人乃可以千百里也，何物性之不同如此！"小东，萧山人。

◎ 萧山沈心泉原洪云："猫为世所必需，而到处船家皆蓄犬而少蓄猫，何欤？岂以其惯于陆，不惯于水耶？是必有由。"

汉按：猫为火兽，甚不宜于水；犬为土兽，见水不畏，而亦能搏鼠，故船家多蓄犬而少蓄猫。

又按：周藕农《杂说》云："猫忌咸，而东海之猫饮不离盐；猫畏寒，而西藏之猫卧不离冰，由其习惯成自然。今猫见波涛而惊，诚惯于陆，不惯于水也。"

◎ 倪豫甫云："湖南益阳县多鼠，而不蓄猫，咸谓署中有鼠王，不轻出，出则不利于官。故非特不蓄猫，且日给官粮饲之。道光癸卯，云南进士王君森林令斯邑，邀余偕往。余居之院甚宏敞，草木荟翳，每至午后，鼠自墙隙中出，或戏或斗，不可胜计。习见之，而不以为怪也。一日，有大猫由屋檐下，伺而捕其巨者。相持许久，鼠力屈而毙。自此猫利其有获而日至焉，乃积旬日而鼠无一出者，后竟寂然。噫，猫性虽灵，其奈鼠之黠何？然余在署三年，衣物从未被啮，鼠或知豢养之恩，不敢毁伤，且人无机械，物亦安之尔。"

汉按：有此一惩，积害以除，不可谓非猫之功也。但不知鼠耗寂然之后，其日给官粮可以免否？谚云："籴谷供老鼠，买静求安。"是亦时世之一变，可叹也夫。

◎　镇平黄仲方文学瑨元云："呼唧唧，则鸡来，见《说文》。呼卢卢，则狗来，见《演繁露》。此声气应求也。猫则呼苗苗即来，作汁汁亦来。"白斑湛渊静语："所谓唇音汁汁，可以致猫，声类鼠也。此乃物类相感也，说见翟灏《通俗编》。"

◎　仲方又云："俗谓猫为虎舅，教虎百为，惟不教之上树，此见《陆剑南诗集》自注。梁绍壬《秋雨庵随笔》引之，不载出处，盖未之考耳。"汉按：《秋雨庵》此节，已采入兹篇，今家仲方为指明出处，以见此等俗语其来已久，益信而有征也。

◎　仲方又云："《游览志余》载杭俗言人举止仓皇，为'鼠张猫势'。以鼠见猫即窜逸，猫势于是益张耳，此语可对'狐假虎威'。"

◎　胡笛湾，字平叔秉钧，博学而工韵语，有咏猫诗云："名本从苗得，功推用世深。疑狐休貌相，防鼠恤儒心。昼静埋头睡，宵寒拥鼻吟。验时晴一线，中有定盘针。"又"蜡典崇官礼，程材隘相经。皮毛凭驳杂，眼界总晶荧。忌刻原根性，纯阴此化形。莫徒欺鼠辈，相食等膻腥。"皆名隽可喜，次篇语含讥贬，岂有激而云然耶？平叔，山阴人，以知䤚需次粤之潮州。汉记

◎　咏物诗贵有寓意，否则亦需韵致。陶文伯炳文猫诗云：

> 为护山房几架书，殷勤花下饲狸奴。
> 春深看取寻阴地，欲写消寒八九图。

> 天生风采虎纹斑，洞里丹曾炼九还。
> 莫讶不随鸡犬去，要留仙骨住人间。

> 闾阎鼠耗渐消亡，运用灵威妙有方。
> 锻狱终归无济处，当年应已笑张汤。

意新语创，韵致自佳。乃弟洁甫士廉亦有一绝云：

> 春风一轴牡丹图，谁把精神绘雪姑。
> 为问穴中诸鼠辈，年来曾已化鸳无。

蕴藉风流，一结犹有意味。汉记

猫，一捕鼠小兽，何书之开载治疗甚多，但猫善搜穴捕鼠，故凡病属鼠类，有在幽僻鬼怪之处，而药所难入者，无不借此以为主治。黄宫绣《本草求真》

张璐谓猫性禀阴贼，机窃地支，故其目夜视精明，而随时收放，善跳跃而嗜腥生。同上

◎　汉按："机窃地支"四字不可解，恐系讹误。求无善本质正，姑录以俟考。

寅木猫良鼠耗无。原注："如初爻临寅木，吉神主其家，有好猫，能捕鼠。"《卜筮正宗·新增家宅篇》

◎　汉按：一说虎与猫俱属寅肖，据此似可凭信。

相传人家生子，初落地开声时，有猫喊其侧，主其子灵警非凡；仅止有猫在侧而不喊，主其子貌陋却有威。按灵警之说尚近理，貌陋之义，殊所未解。戚鹤泉进士《回头想续编》

◎　汉按：朱联芝《咏丑子》云："相逢常欲叨憎厌，莫是初生误肖猫。"瓯人生子，常有"小勿象猫，大勿象狗"之谚，盖猫小多丑，狗大多劣，故尔。其《回头想》所引，或本此欤？

家猫失养，则成**野猫**。

野猫**不死**，久而能成精怪。

———————

先大父醇盦公述

◎　丁雨生云："惠潮道署多野猫，夜深辄出，双目有光熠熠，望之如萤火。盖系失主之猫，吸月饮露，久渐成精，故上下墙屋，矫捷如飞。夏月海鹭来时，能上树捕食。园中所蓄孔雀，曾被啮毙，自此野猫辄不复来。或谓孔雀血最毒，猫殆饮此，或致戕生。噫！择肥而噬，竟以自毙，愚哉！"

◎　鄞县周缓斋厚躬云："猫能拜月成妖，故俗云猫喜月。但鄞人养猫，一见拜月，即杀之，恐其成妖魔人。其魔人无殊狐精。盖雄者能化男，雌者能化女。"

◎　又云："雄猫化男，亦能魔男；雌猫化女，亦能魔女。盖不在于交合，而在于吸精。犯之者通名邪病，十有九死。鄞人有孀妇，一日，忽然自言自笑，柔媚异常，已而形神肌肉顿时消削。诘之，则云遇猫妖吸阴，一时神志昏迷，精气被吸，遂觉疲殆，有不可支。"

　　汉按：狐妖吸精，用桐油遍涂其阴，狐来用舌舐吸，无不大呕而去，遂不再来，惟宜秘密方验，见龚氏《寿世保元》。余谓用此以治猫妖，其效必同。

◎　丁雨生云："安南有猫将军庙，其神猫首人身，甚著灵异。中国人往者，必祈祷，决休咎。"或云："'猫'即'毛'字之讹。前明毛尚书曾平安南，故有此庙。"果尔，是又伍紫髯、杜十姨之故辙矣，可博一噱。揭阳陈升三登榜述。

人被猫咬伤，薄荷叶为末涂之，愈。

又方，用虎骨、虎毛，烧末涂之。

———————————

许浚《东医宝鉴》

◎　大埔赖智堂云章云："猫咬伤，重者不治，亦能死。道光癸卯，海阳令史公家人李姓罗姓，初住寓中，因捉邻猫，两人手指俱被猫咬伤。初视为平常，乃越二十余日，而李姓者忽发寒热，臂腕旁起一小核，焮痛异常。虽知猫毒，但无人识治。数日不省人事，声如猫叫而殂。其罗姓者，过四十余日，臂腕亦起一小核，渐见气喘，不思饮食，越五六日亦毙。甲辰年，潮嘉道署家人郑三被猫咬伤中指，过二十余日毒发，臂腕亦起核，按之疼痛，以目睹李、罗之祸，不胜惶惧，访余医治。因思猫之伤人致死，古今医书鲜载治法，当自出臆见，酌制二方治之，逾月遂愈。其方用既有效，不敢自私，请附刊传，公诸同好。"

◎ 原用水药方十二味，名普救败毒汤：

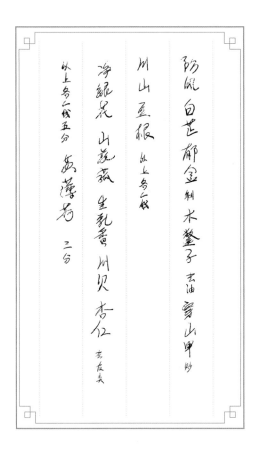

水煎，半饥服，口渴加花粉一钱。

◎　原用丸药方八味，名护心丸：

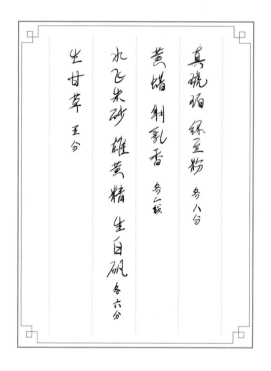

先用好蜂蜜三钱，同黄蜡煮溶，将余药七味共研细末入之，
搅匀取起，丸如绿豆大，另用朱砂为衣。每服一钱五分，
用滚水送下。每日夜，先服汤药，后服丸药，各一二次。
忌五辛鱼肉煎炒及发物。
外用好薄荷油少许，由上臂涂至下臂，至伤处止。其伤口
不可涂，留出毒气，仍戒恼怒、房劳。

汉按：赖智堂精于岐黄，有手到病除之妙。观其所制右二方，极有精思，宜乎用有效验。且家猫驯熟，鲜有咬人，其因伤致死，则更鲜闻，非如猘犬比，故皆视为寻常，而古今医书因亦无载治疗。岂知天下之大，无事不有，李、罗二姓人之祸，殆其显著者焉。今智堂愿传其方，亟为刊入，俾广见闻，盖亦不无小补也。

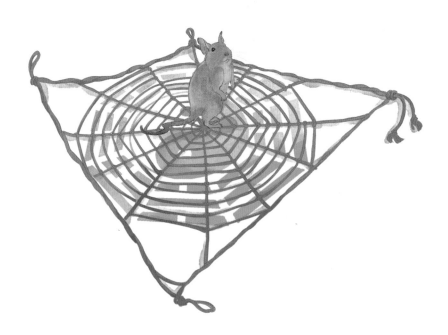

申甫，云南人，任侠，有口辨。为童子时，尝系鼠婴于途，有道人过之，教甫为戏。遂命拾道旁瓦石，四布于地，投鼠其中，奔突不能出。已而诱猫至，猫欲取鼠，亦讫不能入。猫鼠相拒者良久，道人乃耳语甫曰："此所谓八阵图也，童子亦欲学之乎？"节录《申甫传》。《汪尧峰文钞》

◎　汉按：申甫，即明季刘公纶、金公正希所荐以剿寇而败亡者。又按：俗有取粗线织成圆网，用以罩鼠，四方上下，面面皆圈，鼠入其中，冲突触系，终不能出，名为八阵圈，亦名天罗地网。

◎　嘉应黄熏仁孝廉仲安云："州民张七，精于相猫。常蓄雌猫数头，每生小猫，人争买之，皆不惜钱，其知种佳也。恒言黑猫须青眼，黄猫须赤眼，花白猫须白眼。若眼底老裂有冰纹者，威严必重，盖其神定耳。"又言："猫重颈骨，若宽至三指者，捕鼠不倦，而且长寿。其眼有青光，爪有腥气，尤为良兽。"

◎　熏仁又云："张七尝携一雏猫来售，索价颇昂，云此非凡种，乃蛇交而生者，因详述其目击蛇交之由。并指猫身花纹与常猫亦微有别，验之不诬。"

汉按：据此说，则张暄亭参军所云"猫与蛇交"一节，似可信也。

◎ 熏仁又云："年前余得一猫金银眼者，花纹杂出，貌虽恶而性驯。善于捕鼠，进门未几，鼠遂绝迹，因呼之曰'斑奴'。惜养未半年，遽死焉，盖因久缚故耳。佳猫多惧其逸，与其缚而损其筋骨，何如用大笼笼之耶？"

◎ 嘉应钟子贞茂才云："州人有梁某，尝得一猫，头大于身，状甚奇怪，眼有光芒，与凡猫迥异。初莫辨其优劣，厥后不惟善捕鼠，而主家亦渐小康，珍爱而勿与人。有过客见之，饵以重价，始售之。梁因问猫之所以佳处，客曰：'此猫自入门后，君家必事事如意，盖此猫舌心有笔纹故耳。其纹向外者主贵，向内者主富，今予得此，可无忧贫。'启口验之，果然，梁悔之不及。"

汉按：笔纹猫实所罕闻，且能富贵人，真兽中之宝也，惜乎不可多得。

◎ 猫性不等，有雄桀不驯者，有和柔善媚者，有散逸喜走者，有依守不离者。大抵雄猫未阉，及大猫初至，难于笼络，故蓄猫必以小，必以雌也。妙果寺僧悟一，尝谓猫之喃喃依恋不离莲座者，为兜率猫，又为归佛猫。汉记

◎ 瓯中谓人性暴戾曰"猫性"，视轻性命者曰"猫命"，故常有"这猫性不好"及"这条猫命"之谚也。汉记

◎ 山阴童二树善画墨猫，凡画于端午午时者，皆可辟鼠，然不轻画也。余友张韵泉凯家藏有一幅，尝谓悬此，鼠耗果靖。汉记

◎ 张韵泉云:"人得猫相,主六品贵,见相书。"

◎ 又云:"猫眼极澄澈,故水之澄澈者,谓之猫眼泉。堪舆家言凡坟墓之前,有此注泉荫,主清贵。"韵泉,山阴人。

◎ 长沙姜午桥兆熊云:"道光乙酉,浏阳马家冲一贫家,猫产四子,一焦其足。弥月丧其三,而焦足者独存。形色俱劣,亦不捕鼠,常登屋捕瓦雀咬之,时或缩颈池边,与蛙蝶相戏弄。主家嫌其痴懒,一日携至县,适典库某见之,骇曰:'此焦脚虎也!'试升之屋檐,三足俱申,惟焦足抓定,久不动旋;掷诸墙间,亦如之。市以钱二十缗,其人喜甚。先是典库固多猫,亦多鼠。自此群猫皆废,十余年不闻鼠声,人服其相猫,似得诸牝牡骊黄外矣。此故友李海门为余言之。海门浏邑庠生,名鼎三。

汉按:"焦脚虎"三字,新而且奇。

◎ 钱塘吴鸿江官懋云:"余甥女姚兰姑畜一猫,虎斑色,金银眼,无尾;产雌猫一,黑质白章,亦无尾,今四年矣。行相随,卧相依,时为母猫舐毛咬虱;每饭,必蹲俟母食而后食。母猫偶怒以爪,则却受不敢前。或出不归,则遍往呼寻;人或误挞母猫,则闻声奋赴,若将救然。甥女事母孝,咸以为孝感云。"

汉按:此与蒋丹林都宪之猫同为孝感所致,可谓无独有偶。鸿江,一字小台。

◎ 鸿江又云："姑苏虎丘多耍货铺，有以纸匣一，塑泥猫于盖，塑泥鼠于中。匣开则猫退鼠出，合则猫前鼠匿，若捕若避，各有机心，其人巧有如此者。儿童争购之，名猫捉老鼠。"

◎ 姜午桥云："猫为惊兽，可对劳虫。蚁一名劳虫。"

汉按：昔余友姚雅扶先生淳植云："鹤为傲鸟，鱼为惊鳞。"又云："猫灵鸭懵，鱼愕鸡眈，蚁劳鸠拙，鹭忙蟹躁，蛙怒蝶痴，鹅慢犬恭，狐疑鸽信，驴乖蛛巧。"所述颇繁，因记忆所及，附识备览。雅扶，庆元廪生，寄居温郡。

◎ 朱赤霞上舍城云："凡端午日，取枫瘿，刻为猫枕，可辟鼠，兼可辟邪恶。"

汉按：王兰皋有《猫枕诗》，今失传。昔周藕农先生尝云："兰皋令台湾课士，以'猫枕'为赋题，用猫典者，盖寥寥然。"

◎ 丁仲文杰云："《猫苑》一出，则后之为诗赋者，皆可取材于此矣。补助艺林，功非浅鲜。"

卷

下

名物

夫名也物也，有宇宙来则皆萌之于无，存之于有。虽万类之杂出，万事之丛生，盖无物无名，无名无物，行影著于一旦，魂魄留于百世，资谈噱而供楮墨，又非独猫为然也。兹篇则专为猫资考证焉。辑名物。

［清］任伯年　《芭蕉狸猫图》

猫名乌圆《格古论》，又名狸奴《韵府》。又美其名曰玉面狸《本草集解》，曰衔蝉《表异录》；又优其名曰鼠将《清异录》；娇其名曰雪姑《清异录》，曰女奴《采兰杂志》；奇其名曰白老《稽神录》，曰昆仑妲己《表异录》。

◎　汉按：以"乌圆"为猫，相沿久矣。考王忘庵《题画猫诗》"乌圆炯炯"，则似专指猫眼而云然也。

◎　胡笛湾云："《清异录》载，武宗为颍王时，邸园畜禽兽之可人者，以备十玩，绘《十玩图》，鼠将猫。"

唐张抟好猫，皆价值数金，有七佳猫，皆有命名：
一东守，二白凤，三紫英，四怯愤，五锦带，六云团，七万贯。
《记事珠》

猫名

雪姑

狸奴　　白老

女奴

乌圆

衔蝉　　　　鼠将

玉面狸　　昆仑妲己

猫，乃小兽之**猛**者。

初，中国无之，释氏因鼠啮佛经，唐三藏禅师从
西方天竺国携归，不受中国之气。

———————

《尔雅翼》

◎　汉按：此说《玉屑》载之，且谓猫乃西
方遗种。夫开辟之初，禽兽即与万类杂生，
故五经早有猫字，何待后世释氏取西域之遗
种耶？此固谬谈，不谓《尔雅翼》乃亦引用
其说。

养鸟不如养猫，盖猫有"四胜"：护衣书有功，一；闲散置之，自便去来，不劳提把，二；喂饲仅鱼一味，无须蛋、米、虫、脯供应，三；冬床暖足，宜于老人，非比鸟遇严寒则冻僵矣，四。

第世俗嫌其窃食，多梃走之。然不养则已，养不失道，虽赏不窃。韩湘岩《与张度西书》

◎ 汉按：陆放翁诗"狸奴毡暖夜相亲"，张无尽诗"更有冬裘共足温"。则"暖老"一说，亦自有本。韩名锡胙，青田人，嘉庆间以进士通籍，官至观察。

纳猫法

用斗或桶，盛以布袋，至家讨箸一根，和猫盛桶中携回。路遇沟缺，须填石以过，使不过家，从吉方归。取猫拜堂灶及犬毕，将箸横插于土堆上，令不在家撒屎，仍使上床睡，便不走往。《崇正辟谬通书》

◎ 汉按：瓯人纳猫，用草代箸，量猫尾同其长短，插草于粪堆上，祝之勿在家撒屎。余与《通书》大略相同。

猫 儿 契 式

东迁西越，各有所主。名香酒礼三牲，送到某宅门首。一只猫儿是黑斑，本在某山耕织人家，来到某乙家内为活。畜来本意，要你坐守门庭，捉尽鼠贼，护守仓庾，不许偷盗食米。如若攀墙上壁，不遵约束，任从惩罚。自契之后，鼠贼从兹捕不闲。

行契

是某甲贪与某乙家人

一只猫儿是

年

月

日，行契人

东王公证 见南不去

西王母证 见北不游

纳猫日

宜

甲子　　乙丑

丙午　　丙辰

壬午　　庚午

壬子　　庚子

天月德　　生炁日

忌

飞廉　受死

惊走　归忌

等日

《崇正辟谬通书》

◎　汉按：凡大月初五、十七、廿九，小月初八、二十，为惊走日，其飞廉诸煞，《时宪书》俱明载可稽，兹不复赘录。

阉猫曰净。《瞿仙肘后经》

◎　番禺丁仲文孝廉杰云："公猫必阉杀其雄气，化刚为柔，日见肥善。时俗又有半阉猫，只去内肾一边，其雄气未尽消亡，更觉刚柔得中。"

◎　汉按：《通书》载净猫宜伏断日，忌刀砧、血刃、飞廉、受死、血支等煞。凡阉猫须于屋外，猫负痛自奔回屋内，否则必外逸，从此视内室如畏途矣。阉时又须将猫头纳入卷簟之口，阉毕纵之，则从后口奔去，庶免被啮伤手，亦法之良也。

古人乞猫，必用聘。黄山谷诗，"买鱼穿柳聘衔蝉"。瓯俗聘猫，则用盐醋，不知何所取义。然陆放翁诗"裹盐迎得小狸奴"，其用盐为聘，由来旧矣。《丁兰石尺牍》

◎　黄香铁待诏云："潮人聘猫，以糖一包。余从冯默斋教授乞猫，以茶二包为聘。"绍兴人聘猫用苎麻，故今有"苎麻换猫"之谚。

◎　余向陶翁蓉轩家聘猫，盖用黄芝麻、大枣、豆芽诸物。汉自记

◎　张孟仙刺史云："吴音，读'盐'为'缘'，故婚嫁以盐与头发为赠，言有缘法。俗例相沿，虽士大夫亦复因之。今聘猫用盐，盖亦取有缘之意。"此说近理，录以存证。又云，猫既用聘，亦可言嫁。因忆年前余客江西，官常中，有以"嫁猫"二字为题征诗，林子晋明府尝索余赋之。此本俗事，当用俗语凑拍一篇，附录博粲：

天生物类知几许，人家养猫如养女。
出窝便费阿媪心，抚护长成期捕鼠。
九坎长尾更独胎，团云飞雪毛色开。
唔唔作威良足爱，相攸渐见有人来。
一旦裹盐聘娶逼，阿媪欲辞苦未得。
抱持不舍割爱难，痛惜只争泪沾臆。
柳圈铜铃绵衣兜，先期细意装点周。
相送出门再三嘱，善为喂养毋多尤。
聘人唯唯为猫计，但愿勤能事有济。
鼠耗消兮当策勋，眠毡食鱼应固替。

南康郡博上官篠山豫原评云："题甚新雅，结有寓意，勿以俗事目之。"

钱唐诗僧由庵，有至性，密云和尚开法金粟，师往问父母未生前话，云公以手掩面，擘开眼曰"猫"，师于是遂醒悟。《全浙诗话》

◎　汉按：以手掩面，分指擘开口眼而喝曰"猫"，今瓯俗尚有以此戏幼孩也。初不知是何命意，今据由庵此节，岂真有禅理寓之耶？由庵，国初人，著有《影庵集选》。

◎　张孟仙曰："楚人以手拳物诱小儿，开之则曰'猊'。"按：猊，兽也，性善遁，故曰猊，言其已遁去耳。密云和尚之称，其果猫欤？如属空虚之义，则猊是也，说见《俗语解》。镇平黄仲方云："猊兽善遁，孙吴时，拘缨国曾以进献。故吴俗以空拳戏小儿，曰：'猊。'见《谈概》。"

闽浙山中种香菰者，多取猫狸，挖去双眼，纵叫遍山，以警鼠耗。猫既瞎而得食，即无所他之，昼夜惟有瞎叫而已。王朝清《雨窗杂咏》

◎　汉按：此祛鼠之法虽善，未免恶毒，亦猫之不幸也。瓯人以昧不懂事而喜叫嚣挥斥者，讥之为"香菰山猫儿瞎叫"。

猫不食虾蟹，狗不食蛙。《识小录》

猫食鳝则壮，食猪肝则肥，多食肉汤则坏肠。《夷门广牍》

猫食

薄荷则醉。《埤雅》

◎　胡笛湾知蕤云："猫以薄荷为酒，故叶清逸《猫图》赞
云：'醉薄荷，扑蝉蛾，主人家，奈鼠何。'"

猫食黄鱼则癞。《留青日札》

◎　汉按：吴越多黄花鱼，鲜不以其余饲猫，未闻有生癞
者。或谓此指黄颡鱼，以其得浑泥之气，猫食必病。今余
文竹云："寓中有佳猫，昨因食黄花鱼，生癞而死。"是
《日札》之说，又尚可信。有谓江浙黄花鱼俱经冰过，不比
粤鱼气味发扬而有毒也，是亦近理。文竹，名斑辉，浙江遂安茂
才，时偕其所亲毛厚甫明府，寓于潮郡。

猫捕雀蝶蛙蝉而食者，非狂则野，生疣及蛆。《物性纂异》

◎ 张孟仙云："猫食野物，则性戾而不驯；食盐物，则毛脱而癞。"

◎ 陶文伯云："猫喜捕雀，每伏处瓦坳，伺雀跃而前，即突起扑之，百不失一。又喜与乌鹊斗。"

◎ 丁仲文杰尝分猫为三等，并立美名。如纯黄者，曰金丝虎，曰戛金钟，曰大滴金；纯白者，曰尺玉，曰宵飞练；纯黑者，曰乌云豹，曰啸铁。花斑者，曰吼彩霞，曰滚地锦，曰跃玳，曰草上霜，曰雪地金钱。其狸驳者，则有雪地麻、笋斑、黄粉、麻青诸名。

◎ 郑荻畴娘，永嘉人，拟撰猫格，以官名别之。如小山君、鸣玉侯、锦带君、铁衣将军、曲尘郎、金眼都尉。至于雪氅仙官、丹霞子、鼾灯佛、玉佛奴诸称，则以仙佛名之，更饶韵致。

汉按：猫之别称，在古有极雅者。相传唐贯休有猫，名梵虎；宋林灵素有猫，名吼金鲸；金正希有猫，名铁号钟；于敏中有猫，名冲雾豹。或云，吴世璠败后，有三猫为军校所得，颈有悬牌，一曰锦衣娘，一曰银睡姑，一曰啸碧烟，皆佳种也。然余今昔交游如陈镜帆广文，有猫曰天目猫。周藕农令河南时，有猫曰一锭墨。淳安周爽庭太学，有猫曰紫团花。泰顺董晋庭廷诣，有猫名乾红狮。是与遂安朱小阮之鸳鸯猫，萧山沈心泉之寸寸金，先后颉颃焉。

猫犬病，乌药一味，磨水，灌之即愈。《花镜》

小猫叫不绝声，陈皮研末，涂鼻端，即止。《古今秘苑》

猫被人踏伤，苏木煎汤灌之，可疗。《花镜》

猫癫，用蜈蚣焙干，研末与食，数次即愈。又法：桃叶捣烂，
遍擦其毛，少顷洗去，又擦，自愈。治狗癫亦可。《行厨集》

猫生虱，桃叶与楝树根捣烂，熟汤泡洗，虱皆死。樟脑末
擦之亦可。《行厨集》

木
猫

木猫，俗呼鼠弶。陈定宇有《木猫赋》。《通俗编》

◎　汉按：陈赋云："惟木猫之为器兮，非有取于
象形。设机械以得鼠兮，借猫公而为名云云。"

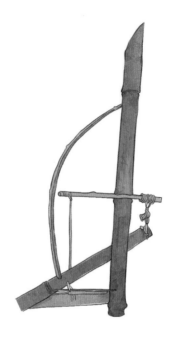

竹猫

竹猫

◎ 黄香铁待诏云："《武林旧事》载，小经纪有竹猫儿。当是竹器，用以擒鼠者。又有猫窝、猫鱼、卖猫儿、改猫犬。猫窝，当是猫所寝处者，今京师隆冬所着皮鞋，亦名猫儿窝。又崇祯初年，宫眷每绣兽头于鞋上，呼为猫头鞋，识者谓：'猫，旄也，兵象也。'见《崇祯宫词》。"

铁猫，船椗也，"猫"或作"锚"。《焦竑俗书刊误》

◎ 汉按：船椗，粤人呼为铁猫，盖猫亦猫类也。

◎ 又按：另铁猫三事，已类列上卷灵异门。

金猫

◎ 临安尹铸以偿秦桧女狮猫，详见后故事门。

火猫。瓯中田野人家，冬日悉抟土为器，开口纳火。其背穹，背上多挖小孔，以升火气，名曰"火猫"，男妇老少各以御寒。王朝清《雨窗杂录》

泥猫

◎ 陈笙陔云："杭州人每于五月朔，半山看竞渡，必向娘娘庙市泥猫而归，不知何所取义。猫为泥塑，涂以彩色，大小不等。"

◎ 吴杏林云："养蚕人家，多买以禳鼠。"

泥猫

纸猫

◎ 张湘生成晋云："《坚瓠集》有《纸猫诗》。"

　　汉按：器物以猫命名者，又有猫枕。杨诚斋诗："猫枕桃笙苦竹床。"

禽之属，有名猫头鸟，即鸮也。鸮或作枭，一名鹏。《巴蜀异物志》

◎　潮州有鸟，叫声如猫，人呼为猫头鸟，与浙中所谓逐魂称猫头鸟者，其声不同，或谓此即鹏也。汉自记

兽之属，有名水猫，即獭也。李元《蠕范》

虫之属，有名枣猫，生枣树上，枣熟则食之。《本草纲目》

蔬之属，有猫头笋。《黄山谷集》又有"狸头瓜"。郭义恭《广志》

◎　汉按：黄香铁待诏诗："猫头鸭脚堪留客。"
◎　又按：笋，又名绵猫，见陆玑《诗疏》。
◎　又按：苏东坡《谢惠猫儿头笋》诗云："长沙一日煨鞭笋，鹦鹉洲前人未知。走送烦君助汤饼，猫头突兀想穿篱。"
◎　又按：赞宁《竹谱》云："竹根有鼠大如猫，其色类竹，名竹豚。"

蔬之属，又有狸豆。《本草》崔豹《古今注》："狸豆，一名狸沙。"

药之属，有斑猫。《本草》

又狗骨，一名猫儿刺，以其象形也。同上

◎　汉按：鸟之类，亦有称斑猫者。《山海经》：北嚣之山
有鸟，名鹎鶋，一名斑猫。又莎鸡，黑身赤头，似斑猫，亦
_{pán māo}
见陆玑《诗疏》。

草之属有名猫毛，出镇平县。

◎　黄香铁待诏《乡园》诗："草薗拾猫毛。"《读白华草堂诗集》

🐾 禽之属，有名猫头鸟

🐾 虫之属，有名枣猫

🐾 蔬之属，有猫头笋

🐾 狗骨，一名猫儿刺

药之属，有斑猫

蔬之属，又有狸豆

草之属有名猫毛

兽之属，有名水猫，即獭也

外夷有国，名合猫里。舶人语云："若要富，须寻猫里务。"尤悔庵《外国竹枝词》："网巾礁上荡渔舟，亦有山田十斛收。要富须寻猫里务，贫儿何用执鞭求。"《龙威秘书》

◎　汉按：地名以猫称者，吕宋国小岛有名猫雾烟，此家香铁待诏述。播州有猫人洞，名木猫，见《元史·郭昂传》。钦州入安南路，有猫儿港，见《词翰法程》。桂林府北门外有猫儿门，见《广西通志》。杭州城内有猫儿桥，见《杭州府志》。广东大埔县有猫儿渡，见《潮州府志》。雁荡山峰，有名望天猫。袁子才诗云："仙鼠飞上天，此猫心不许。意欲往拴之，望天如作语。"

◎　永嘉陈寅东巡尹杲曰："凡以猫命名者，固不一而足，山则有猫儿岭、猫儿岩、猫儿洞；水则猫儿港、猫儿渎。此等小地名，随在皆有。至于杂物，则猫儿灯、猫儿窗、猫儿裤之外，为小儿戏耍者，乃有泥塑猫、木雕猫、纸糊猫。而姑苏印画店，有《猫拖绣鞋图》；而磁器店，又有猫形溺瓶也。"台湾诸罗有猫罗、猫雾二山，见蓝鹿洲《东征集》。

道士李胜之，尝画《捕蝶猫儿图》以讥世。陆放翁诗注

◎　汉按：陆放翁诗："鱼餐虽薄真无愧，不向花间捕蝶忙。"

◎　又按：《宣和画谱》载："李蔼之，华阴人，善画猫。今御府所藏有戏猫、雏猫，及醉猫、小猫、蛮猫等图，凡十有八。"此李蔼之，或即李胜之欤？而《宣和谱》又载："何尊师，以画猫专门。尝谓猫似虎，独耳大眼黄不同。"惜乎尊师不充之以为虎，止工于猫，殆寓此以游戏耶？又载："滕昌祐，有《芙蓉猫儿图》。"又"王凝为鹦鹉及狮猫等图，不惟形象之似，亦兼取其富贵态度，盖自是一格。"

◎　宋人又有《正午牡丹图》，不知谁画，见《埤雅》。禹之鼎有摹元《大长公主抱白猫图》，今藏吴小亭秉权家。小亭云："画中公主长身，其猫纯白如雪，惟眼赤色。"近世所传，又有《猫蝶图》，盖取耄耋之意，用以祝嘏耳。曾衍东有《自题画猫》云："老夫亦有猫儿意，不敢人前叫一声。"若有戒于言也。曾，山东人，令湖北，嘉庆间缘事流戍温州。工诗画，自号七道士，又称曾七如。

明李孔修，字子长，顺德人。画猫绝工，公卿以笺素求之，辄不可得。尝负樵薪钱，画一猫与之，樵者怏怏，中途人争购之。已而，樵者复以薪求画，笑而不应。《广东通志》

◎ 黄香铁待诏云："何尊师善画猫，所画有寝者，有觉者，展膊者，戏聚者，皆造于妙，其毛色张举，体态驯扰，尤可赏爱。"

◎ 胡笛湾知趠云："考《墨客挥犀》，欧阳公尝得一古画《牡丹丛》，其下有一猫，永叔未知其精妙。丞相正肃吴公一见曰：'此正午牡丹也。何以明之？其花枝哆而色燥，此日中时花也；猫眼黑睛如线，此正午猫眼也。有带露花，则房敛而色泽。猫眼早暮则睛圆，正午则如一线耳。'此亦善求古人之意者也。"

◎ 郑荻畴焕云："昔有画家高手，尝画一猫，横卧屋背上，形神逼肖，无不夸赞。一客见之云：'佳则佳矣，惜犹有可贬处。以为猫纵长不过尺余，此猫横卧瓦上，乃过六七行，是其病也。'于是人服其精识。"

◎ 张槐亭集云："古今来以猫命名，谅不乏人，然而群书鲜有载者。若以狸命名者，《左传》则有季狸，亦见《群辅录》。魏道武小字佛狸，见《北史》。"

◎ 陶文伯云："丹朱姓狸，见阎若璩《四书释地》。"

◎ 丁仲文云："逸诗有《狸首篇》，见《仪礼》。古歌有

《狸首》，见《檀弓》。至《左传》有狸制，盖黄狸皮也。《周礼》有狸步，以量侯道者也。又狸席，婕妤上皇后贺仪有绿毛狸席，见《飞燕外传》。此皆云'狸'而非云'猫'也。"

◎　陶洁甫士廉云："曲沃尉孙缅家奴称野狸奴，见戴君宇《广异记》。"浙江慈溪县道光初年冤狱，有民女名阿猫，见《刑部例案》。

技术有名相声者，作猫犬叫，其声酷肖。若鹦鹉、秦吉了及百灵，亦皆能作猫犬声，偶闻，卒莫之辨。仁和姜愚泉片识

◎　汉按：相声，俗作"像声"，即所谓隔壁戏也。秦吉了，粤人呼为辽哥了。《赤雅》作"鸐"。

清明日，瓯人小儿及猫犬，
皆戴以杨柳圈，此亦风俗之偏。

———————————

朱联芝《瓯中纪俗诗注》

◎　汉按：猫系俗缘，故俗之牵率夫猫者甚多。如谚云，人干事不干净者，称为"猫儿头生活"，见《留青日札》。作事不全，则讥为"三脚猫"。张明善曲"三脚猫""渭水飞熊"，见《辍耕录》。家香铁待诏云："吾乡开标场赌标者，每四字作一句。其十二字分作三句者，名曰'三脚猫'。"华润庭云："吴俗，呼乞养子为'野猫'，谓人矫诈为'赖猫'，习拳勇者为'三脚猫'。"

◎　又按："偷食猫儿改不得"，见《杂纂二续》。"那个猫儿不吃腥"，见《元曲选》。"依样画猫儿""寒猫不捉鼠"，并见《五灯会元》。"猫头公事""猫口里挖食""猫哭老鼠假慈悲"，俱见《谈概》及庄岳《委谈》。俗传笑话：谓一日者，鼠见猫颈悬念珠，群以为已归佛，必然慈悲，吾辈可以无恐。然而未可深信，先令小鼠过之，猫伏不动；次令中鼠过之，亦不动。大鼠信其无他，最后过之，猫忽突起，擒而毙之。群鼠于是抱头窜去曰："此假慈悲！此假慈悲！"

◎　又如《通俗编》所载："猪来贫，狗来富，猫来开质库。"又"狗来富，猫来贵，猪来主灾悔"，至"朝喂猫，夜喂狗"，此又见于《月令广义》。世俗又以捕役与偷儿混处，称为"猫鼠同眠"。此四字见《唐书》浙谚。又有"猫哥狗弟"之谓，以猫常斥狗，而狗多辟易避去，故韵本有兄猫之文，此亦傅会之说。至于"猫儿念佛""猫儿牵锯"，此则因其鼾声而云然。瓯俗又以讹索财物者，称为"猫儿头"；以人小器，称为"猫儿相"；若少年勇往，则云"新出猫儿强如虎"。夫谚虽鄙俚，皆有义理，故古今传诵不替。若《红楼梦》所称"钻热炕的焐毛""小冻猫子"，此则满洲人之口腔也。

◎ 汉又按：猫不列于六畜，而猫犬连称，殆亦不少。如"狗来富，猫来贵""朝喂猫，夜喂狗"，以及"猫哥狗弟"之外，即瓯俗"清明猫犬戴柳圈"，皆属连类所及。又俗谚："六月六，猫狗浴。"家香铁《消夏诗》："家家猫狗浴从窥。"又无名氏《硕鼠传》云："今是获不犬不猫。"又《数九歌》："六九五十四，猫狗寻阴地。"至于五代卢延让《应举诗》："饿猫临鼠穴，馋犬舐鱼砧。"见赏主司，遂获登第，人谓得猫犬之力，此则尤其显焉者也。

◎　华润庭云："猫虽不列于六畜，然性驯良者，能解人意，所以得人爱护者，亦物性有以致之耳。"

◎　余好食鱼，客有讥之云："闻君纪载猫典，可知冯驩为猫之后身乎？"问："何以见之？"曰："于其弹铗见之。"余曰："然。余固冯驩之后身也，其知焉否？"相与哑然。自记

故事

人物相因缘，则事端生焉。历劫不磨，遂成掌故。猫之系于人事亦多矣。语云"前事不忘"，君子取鉴于古，异闻足录，学者结绳于今，吾故用是孜孜焉。辑故事。

［五代］周文矩 《仕女图》（局部）

孔子鼓琴，闵子闻之，以告曾子："向也夫子之音清澈以和，今也更为幽沈之声，何感至斯乎？"入而问焉，孔子曰："然。向见猫方捕鼠，欲其得之，故为之音也。"《孔丛子》

连山张大夫抟，好养猫，众色备有，皆自制佳名。每视事退，至中门，数十头曳尾延颈，盘接而入。常以绿纱为帷，聚猫于内以为戏，或谓抟是猫精。《南部新书》

武后有猫，使习与鹦鹉并处。出示百官，传观未遍，猫饥，搏鹦鹉食之。后大惭。《唐书》

武后杀王皇后及萧良娣。萧詈曰："愿武为鼠，我为猫，生生世世扼其喉！"后乃诏六宫毋畜猫。《旧唐书》

猫，别名天子妃，见《鹤林玉露》。盖萧妃被杀，临死有"我愿为猫武为鼠"之语，故有是称。梁绍壬《秋雨庵笔记》

卢枢为建州刺史，尝望月中庭，见七八白衣人曰："今夕甚乐，但白老将至，奈何？"须臾，突入阴沟中，遂不见。后数日，罢郡归家，有猫名白老，于堂西阶地下，获鼠七八头。《稽神录》

元和初，上都恶少李和子常攘狗及猫食之。一日，遇紫衣吏二人追之，谓猫犬四百六十头，论诉事。和子惊惧，邀入旗亭，以酒酬鬼，求为方便。二鬼曰："君办钱四十万，为假三年命。"和子遽归，货衣具凿楮，焚之，见二鬼挈其钱去。及三日，和子卒。鬼言三年，盖人间三日也。段成式《支诺皋》

薛季昶梦猫伏卧堂限上，头向外，以问占者张猷，猷曰："猫者，爪牙也。伏门限者，阃外之事。君必知军马之要。"果除桂州都督岭南招讨使。《朝野金载》

贞元时，范阳卢琐家钱唐有一妇人，不知何来，直诣其婢小金所，自言姓朱，时来去。一日天寒，小金爇火，妇人至，怒踏其火，即灭，并以手批小金。后数日，妇人至，抱一物如狸状，

尖嘴卷尾，纹斑如虎，谓小金曰："何不食我猫儿？"复批之，云是野狸。唐张泌《尸媚传》

裴宽子谞，好诙谐，为河南尹。有妇人投状争猫儿，状云："若是儿猫，即是儿猫。若不是儿猫，即不是儿猫。"谞大笑，判云："儿猫不识主，傍我捉老鼠。两家不须争，将来与裴谞。"遂纳其猫，两家皆晒之。《开元传信记》

《稽神录》：建康有卖醋人某，畜一猫，甚俊健。辛亥岁六月，猫死，不忍弃，置之座侧，数日腐且臭，不得已，携弃秦淮河。既入水，猫活，某自下水救之，遂溺死。而猫登岸走，金乌铺吏获之，缚置铺中，出白官司。将以其猫为证，既还，则已断其索，啮壁而去矣，竟不复见。《太平广记》

《闻奇录》：进士归系，暑月，与一小孩儿于厅中寝。忽有一猫大叫，恐惊孩子，使仆以枕击之，猫偶中枕而毙，孩子应时作猫声，数日而殒。《太平广记》

平陵城中有一猫，常带金锁，
有钱飞若蛱蝶，士人往往见之。

《西阳杂俎》

龙朔元年，涪城鼠猫同处。鼠象窃盗，猫职捕啮，
反与同处，废职容奸。《新唐书·五行志》一本作"浚州"。

陇右节度使朱泚，于军士赵贵家，得猫鼠同乳，不
相害，笼而献之。宰相常衮率群臣贺，崔祐甫曰：
"可吊不可贺。"因献《猫鼠议》。《唐书·代宗纪》

◎　汉按：崔祐甫《猫鼠议》曰："《礼记·郊特牲篇》曰：'迎猫，为其食田鼠也。'猫之食鼠，载在《礼经》，以其除害利人，虽微必录。今此猫对鼠不食，仁则仁矣，无乃失其性乎！何异法吏不触邪，疆吏不捍敌？以若称庆，殆所未详。恐须申命宪司，察听贪吏，戒诸边埵，毋失徼巡，猫能致功，鼠不为害。"

《闻奇录》：李昭嘏当应进士试之先，主司昼寝，见一卷在枕前，乃昭嘏名，令送还架上，复寝。有一大鼠衔嘏卷送枕前，如此再三。来春，嘏遂获及第，因询之，乃知其家三世不养猫，盖鼠报也。《太平广记》

宝应中有李氏子，家于洛阳，其世以不杀，故家未尝畜猫，所以宥鼠之死也。迫其孙亦能世祖父意。尝一日，李氏大集其亲友会食于堂。既坐，而门外有数百鼠俱人立，以前足相鼓，如甚喜状。家人惊异，告于李氏，亲友乃空其堂，纵观之，人去尽，堂忽摧圮，其家无一伤者。堂既摧，鼠亦去。悲夫！鼠固微物也，尚能识恩而知报如此，而况人乎？《宣室志》

永州有人，以生年值子，鼠为子神，因爱鼠不畜猫。仓廪庖厨，悉以恣鼠不问，由是室无完器，椸无完衣。《柳宗元文集》

李义府柔而害物，人称李猫。《唐书》

◎ 华润庭云："李猫，《韵府》作'人猫'。"

李回秀所居，犬乳邻猫，中宗以为孝感，旌其门。《白孔六贴》

余在辇毂，见揭小榜曰："虞大博宅失一猫，色白，名雪姑。"《清异录》

江南李后主子歧王[*]，方六岁，戏佛前，有大琉璃瓶为猫所触，虢然坠地，因惊得疾而死，诏徐铉为志。其弟锴谓铉曰："此文虽不必引猫事，但故实颇记否？"铉疏二十事，锴曰："适已忆七十余事。"铉曰："楚金大能记忆。"明旦又言，夜来复得数事。邵思《野说》

居士李巍，求道雪窦山中，畦蔬自供。有问巍曰："日进何味？"答曰："炼鹤一羹，醉猫三瓶。"《清异录》

郭忠恕，逢人无贵贱，但口称猫。苏东坡《郭忠恕画赞》

◎　汉按：陆游诗："偶尔作官羞问马，颓然对客但称猫。"汪钝翁诗："呼我不妨频应马，逢人何敢遽称猫？"见葛翼甫《梦航杂说》。放翁又有"彩猫糕上菊初黄"之句，时亦呼猫如恕，见今宋芷湾诗。

◎　王笠舫《衍梅诗》："藤墩叉手懒称猫。"见《绿雪堂诗集》。

---

* 编者注：应为"歧王"。

龚晃仲自言其祖纪与族人同应进士举，其家众妖竞作，乃召女巫徐姥治之。有一猫卧炉侧，家人指谓巫曰："吾家百物皆为异，不为异者，独此猫耳。"于是，猫亦人立，拱手而言曰："不敢。"姥大惊。数日，二人捷音并至。《续墨客挥犀》

苏东坡奏疏云："养猫以捕鼠，不以无鼠而养不捕之猫。余谓不捕鼠犹可也，不捕鼠而捕鸡则甚矣。疾视正人，必欲尽击之，非捕鸡乎？"《鹤林玉露》

庆元中，鄱阳民家有一猫，带数十鼠，行止食息皆同，如母子相哺。《文献通考》

秦桧小女名童夫人，爱一狮猫，忽亡之，立限命临安府访求。凡狮猫悉捕至，而皆非也。乃赂入宅老卒，询其状，图百本，于茶肆张之。后嬖人祈恳乃已。《老学庵笔记》

◎ 汉按：《西湖志余》作秦桧女孙，封崇国夫人，其亡去狮猫后，府尹曹泳因嬖人以金猫赂恳，乃已。

宋有卢仙姑者，指猫而问蔡京曰："识之否？此章惇也。"意盖讽京。《渊鉴类函》

万寿寺有彬师者，善谑。尝对客，猫居其旁，彬曰："鸡有五德，此猫亦有之：见鼠不捕，仁也；鼠夺其食而让之，义也；客至设馔则出，礼也；藏物虽密能窃食之，智也；冬必入灶，信也。"客为绝倒。《挥麈新谭》按《蔡元放批〈列国志〉》引用此节，以宋襄公之仁义，全类斯猫。

道州狗子无佛性也，胜猫儿十万倍。《指月录》

佛法工夫，举起话头时要历历明明如猫捕鼠。猫捕鼠，睁开两眼，四脚撑撑，只要挐得鼠，到口始得，纵有鸡犬在旁，俱不暇顾。参禅亦复如是。若才有别念，非但鼠不能得，兼走却猫儿。禅宗直指石氏传家宝

宋绍兴中，全椒寺僧养猫犬各一，甚灵。

仆遇劫盗被杀，犬能随嗥咬衣，卒使道获伏法。

寺僧死，猫为守尸数日，不为鼠坏。

《续太平广记》

大德十年，杭州路陈言有等，结交官府，遇公事，无问大小，悉投奔嘱托关节，俗号"猫儿头"。《元典章》

景泰初，西番贡一猫，道经陕西庄浪驿，或问猫何异而上供，使臣请试之，乃以铁笼罩猫，纳于空室。明日起视，有数十鼠伏死笼外。云此猫所在，虽数里之外，鼠皆来伏死，盖猫中之王也。《续巳编》并见《华彝考》

◎　汉按：叶观海《蠡谭未刻编》："乾隆五十八年，琉球国进贡，有篆黄猫一头，云猫之所在，三十里外无鼠。"据此，则视景泰猫王，其神异处，奚啻倍蓰。张孟仙云："温郡颜姓有猫，神于祛鼠，凡鼠在屋上，猫一呼声，则鼠辄落地。其家甚宝之，人乞不与，后竟被窃失去。"

◎　姚百征云："近潘少城明府，由镇平携至普宁一猫，所谓乌云盖雪者也。鼠行梁间，能于平地腾攫而得之，亦猫之矫捷罕睹者。"

◎　湘潭张博斋云："戚家畜一猫，数年不见其捕一鼠，而鼠耗亦绝。一日，修葺住房，其猫所常伏卧之地板下，死鼠数百，然后知此猫之善于降鼠。"是即华润庭所云"猫之捕鼠，能聚鼠为上"也。

前朝大内猫狗，皆有官名食俸，中贵养者，常呼猫为老爷。

宋牧仲《筠廊偶笔》

明万历时，御前最重猫，其为上所怜爱及后妃各宫所畜者，加至管事职衔。且其称谓更奇：牝者曰某丫头，牡者曰某小厮，若已骟者，则呼为某老爹。至进而有名封，直谓之某管事，但随内官数内，同领赏赐。此不过左貂辈，缘以溪壑，然得无似高齐之郡君、仪同耶？又猫性喜跳，宫中圣胤初诞未长成者，间遇其相遘而争，相诱而嗥，往往惊搐成疾，其乳母又不欲明言，多至不育。此皆内臣亲道之者，似亦不妄。又尝见内臣家所畜骟猫，其高大者，逾于寻常家犬。而犬又贵小种，其最小者如波斯金线之属，反小于猫数倍，每包裹置袖中，呼之即自出，能如人意，声甚雄，般般如豹。

《野获编》

◎ 黄香铁待诏云："明熹宗好猫，猫儿房所饲，十五成群。牡者人称某小厮，牝者称丫头，或加职衔称某老爷，比中官例关赏。见陈悰《天启宫词》注，其诗云：'红闟无尘白昼长，丫头日日侍君王。''丫头'即指此。"

昔檀默斋尝谓袁淑册封驴为庐山公，豕为大兰王。此二畜蠢秽不堪，何克当此？若猫犬有功于世，反无名号，殊为阙典。因戏封猫为清耗尉，犬为宵警尉，甚有韵致。此张讯渡先生述于余者。王朝清《雨窗杂录》

◎　汉按：猫犬之封，予尝述之于王荫斋明府，以为猫可称都尉。然犹不足以尽其长，因加以书城防御使兼尚衣监太仓中郎将，世袭万户侯罔替，尤为允当。于是属汉代拟诰文，韵人韵事，不可不记也。王荫斋名曾樾，直隶名孝廉，道光丁未权江西长宁县篆时，汉在其幕中。公余闲话，戏谈及此。明年荫斋奉讳北旋，予亦南迈。今有《猫苑》之编，搜箧中，则代拟之诰稿尚存，附录于此，用以博粲：

承恩阀阅，谁为出类之材？除害闾阎，本重非常之绩，盖刚亦不吐，厉而能温，既夕惕之弗忘，自日升之允叶。咨尔猫公，系分麟族，独擅雄姿；技奏驹场，久推灵捷。聪耳目而无有或爽，明干可嘉；弃皮毛而不食其余，廉隅亦饬。矧夫陋彼倚门狂吠，备言猘犬之当烹，憎其夺路横伤，极谓贪狼之可杀，用是贤声益著，可期耗类永清。

是故爪牙寄任，虎威早树于王家；搏击宣劳，鼠窃全消于民户。功而不伐，赏则宜优，可特封为清耗都尉、书城防御使，兼尚衣监太仓中郎将，世袭万户侯罔替。于戏！高而不危，飞腾常超彼梁栋；守而弗失，出入肯越乎藩篱？卓著贞恒，悉捐逸豫，书城永固，可长邀一字之褒；衣库无伤，岂枉有三褫之辱。况已社清凭祟，不待议熏，仓足腐红，奚虞肆劫，考绩更书夫驾化，策勋靡忝于麟称。允宜眠锡重毡，食增鲜脍，诞敷贲命，勉尔初心，毋蹈屯膏，膺兹异数。

临安北内外西巷，有卖熟肉翁孙三，每出，必戒其妻曰："照管猫儿，都城并无此种，莫令外人闻见。或被窃去，绝吾命矣。我老无子，此与吾子无异也。"日日申言不已，乡里数闻其语，心窃异之，觅一见不可得。一日，忽搜索出，到门，妻急抱回。其猫干红色，尾足毛发尽然，见者无不骇异。孙三归，责妻漫藏，棰詈交至。已而浸淫于内侍之耳，即遣人唉以厚值，孙峻拒，内侍求之甚力，反覆数回，仅许一见。既见，益不忍释，竟以钱三百千取去。孙流泪，复棰其妻，尽日嗟怅。内侍得猫喜极，欲调驯然后进御。已而色渐淡，及半月，全成白猫。走访孙氏，已徙居矣。盖用染马缨法，积日为伪。前之告戒棰怒，悉奸计也。《智囊补》

宏治元年，潮阳县举人萧瓒家，牝犬乳猫，夜则同宿，一如其子。时瓒兄弟七人友爱，故有此征，人以为和气所感。《潮州府志》

万历间，宫中有鼠，大与猫等，为害甚剧。遍求佳猫，辄被啖食。适异国贡狮猫，毛白如雪。抱投鼠屋，阖其扉，潜窥之。猫蹲良久，鼠逡巡自穴中出，见猫怒奔之。猫避登几上，鼠亦登，猫则跃下。如此往复，不啻百次，众咸谓猫怯。既而鼠跳掷渐迟，蹲地少休。猫即疾下，爪掬顶毛，口龁首领，辗转争持间，猫声呜呜，鼠声啾啾。启扉急视，则鼠首已嚼碎矣。然后知猫之避非怯也，待其惰也。彼出则归，彼归则复，用此智耳。《聊斋志异》

盐城令张云在任养一猫，甚喜。及行取御史，带之同行。至一察院，素多鬼魅，人不敢入，云必进宿。夜二鼓，有白衣人向张求宿，被猫一口咬死。视之，乃一白鼠，怪遂绝。《坚瓠集》

陆墓一民负官租，空室出避，家独一猫，催租者持去，卖于阊门徽铺，徽客颇爱玩之。已年余，民过其地，人丛杂中，猫忽跃入其怀，为铺中见，夺之而去。猫辄悲鸣，顾视不已。民夜卧舟中，闻板上有声，视之，猫也。口衔一绫帨，帨内有银五两余，民贫甚，得银大喜。明晨，见有卖鱼者，买鱼饲之，饲不已，猫遂伤腹死，民哀而埋之。

《坚瓠集》

◎ 陈笙陔云："杭州城内金某，素贫。其家所养猫，一日，忽衔龙凤钗一对来，明珠满缀，价值千余缗，以作本贸边，家道日盛。十余年间，竟成巨富。其老母爱惜此猫，无殊珍宝，另建一楼及床帐居之，凡有携猫求售，必如值收买。积数百头，喂养婢仆亦数人。猫有死者，皆冢而瘗之，至今不衰，此乾隆季年间事，杭人盖无不知之者。

◎ 嘉庆己卯，台州太平县船户丁姓，泊舟沙头，因猫失水，下沙救之，脚踏一物。检之，则一小木匣，有银百余两，而猫竟淹毙焉。汉自记

◎ 汉按：猫献金宝，使主人发家，虽猫之义，亦由主人有德以应之。但陆墓之猫，享报未久，辄以伤食而亡，以视金姓猫，福禄相去何如。然而两家之报德酬庸，可谓不遗余力；若船户之猫，真不幸矣。

毕怡安小姨子爱猫。一日，席上行酒令传花，以猫叫声饮酒为度。每巡至怡安，猫必叫，怡安不胜酒创，疑甚。察之，则知小姨子故戏弄之，凡花传至怡安，辄暗掐猫一指使叫云。《聊斋志异》

金陵阎右子，荡覆先业，不胜逋责，决意自尽。一日，市酒肴与妻示决，夫妻对泣，不忍饮食，遂相与缢焉。家有猫，哀鸣踯躅，其肴在案不顾也，数日不食死。《奕贤编》

有李侍郎，从苗疆携一苗婆归，年久老病，常伏卧。尝养一猫，酷爱之，眠食必共。其时里中，传有夜星子之怪，迷惑小儿，得惊痫之疾，远近惶惶。一日，有巫姑云能治之，乃制桃弓柳箭，系以长丝，伺夜星子乘骑过，辄射焉。丝随箭去，遣人迹之，正落某侍郎家。

忽婢子报老苗婆背上中箭，视之，已
憯然，而所畜之猫尚伏跨下，然后知
老苗婆挟术为祟，而常以猫为坐骑也。

《夜谭随录》

江宁王御史父某，有老妾，年七十余，畜十三猫，爱如儿子，各有乳名，呼之即至。乾隆己酉，老奶奶亡，十三猫绕棺哀鸣。喂以鱼飧，流泪不食，饿三日，竟同死。《子不语》

沂州多虎，陕人焦奇寓于沂，素神勇，入山遇虎，辄手格毙之。有钦其勇，设筵款之，焦乃述其生平缚虎状，意气自豪。倏一猫，登筵攫食。主人曰："邻家孳畜，可厌乃尔！"无何，猫又来。焦奋拳击之，肴核尽倾碎，而猫已跃伏窗隅。焦怒，逐击之，窗棂亦裂，猫一跃登屋角，目耽耽视焦。焦愈怒，张臂作擒缚状，而猫嗥然一声，过邻墙而去，主人抚掌笑，焦大惭而退。夫能缚虎而不能缚猫，岂真大敌勇，小敌怯哉！
《谐铎》

一家，有巨鼠为害，诸猫皆为所毙。后西贾持一猫至，索五十金，包可除鼠，因买置仓中。鼠至，猫匿身于谷，仅露其首。鼠过其前，初若不见者；俟鼠稍倦，乃突出衔之。互相持，日许，鼠竟毙焉，猫亦力尽而死。称鼠重三十斤。《新齐谐》

闽中某夫人喜食猫，得猫则先贮石灰于罂，投猫于内，而灌以沸汤。猫为灰气所蚀，毛尽脱，不烦挦治；血尽归于脏腑，肉白莹如玉，云味胜鸡雏十倍也。日日张网设机，所捕杀无算。后夫人病危，呦呦作猫声，越十余日乃死。《阅微草堂笔记》

天门蒋丹林都宪，京寓有子母猫，依依几席前，每日必俟母猫先食毕而后食，家信中因偶及之。时都宪为奉天府丞，其母尚在，都宪常殷慕念，人以为孝感所致，都宪乃感叹，作《猫侍母食歌》二章，一时沈阳同寅，皆咏其事。蒋笙陔殿撰父丹林，自记年谱注。

邹泰和学士有爱猫之癖，每宴客，召猫与孙侧坐，赐孙肉一片，必赐猫一片。督学河南，按临商邱，失一猫，严檄督县捕寻，令苦其烦，则以印文覆之，有云遣役挨民户搜查，宪猫无获。《随园诗话》

◎　汉按：古今名贤，有猫癖者多矣。若昔之张大夫，今之邹学士之好猫，则尤酷尔。近年玉环厅某司马，有八猫，皆纯白色，号八白，常用紫竹稀眼柜笼之，分四层，每层居二猫，行动不分远近，必携以从，此亦可谓酷于好矣。

◎　刘少涂云："姚伯昂副宪元之，养一黑猫，形相如虎，甚爱之。且亲为绘于轴，余于公京邸中见之，觉神气如生，副宪固精于绘事也。"

◎　陶文伯云："画家有《九九消寒图》。《豹隐纪谈》载，石湖居士戏用乡语云：'八九七十二，猫儿寻阴地。'"

◎　又云："俗以事不尽善者，谓之三脚猫。嘉靖间，南京神乐观道士袁素居，果有一枚，极善捕鼠，而走不成步，循檐上壁，如飞也。见《七修汇稿》。"

◎　又云："元新官出京，有应盘缠者，同去就与管事，谓之猫儿头。见《七修类稿》。此即今之所谓带肚者也。"

◎　刘月农巡尹云："山东临清州产猫，形色丰美可珍，惟耽慵逸，不能捕鼠，故彼中人以男子虚有其表而无才能者，呼之为临清猫。"

合肥龚芝麓宗伯，所宠顾夫人，名媚，性爱狸奴。有字乌员者，日于花栏绣榻间徘徊抚玩，珍重之意，逾于掌珠。饲以精粲嘉鱼，过赝而毙。夫人惋悒累日，至于辍膳。宗伯特以沉香木斫棺瘗之，延十二女僧，建道场三昼夜。钮玉樵《觚剩》

◎ 江西崇仁县沈公侧室，尝养猫数十只。各色咸备，系以小铃，群猫聚戏，则琅琅有声，每日，有猫料一分开销。沈公，嘉庆拔贡，名棠。

◎ 刘庚卿先生华杲云："俞青士之母好猫，常畜百余只，雇一老妪，专事喂养。闺房之内，枕边几上，镜台衣桁之间，无处非猫也。青士暨其尊公之幕囊宦囊，每岁为猫，料所销诚不少也。"

◎ 吴云帆太守云："高太夫人，系颖楼先生正室，小楼观察之母也。为浙中闺秀，颇好猫，尝搜猫典，著有《衔蝉小录》，行于世。"夫人，名荪蕙，字秀芬，会稽孙姓，著有《贻砚斋诗集》。

汉按：猫之贻爱于闺阁者，有如此，以视前篇所载李中丞、孙闽督两闺媛之所好，尤为奇僻。然终不若高太夫人之好，且为著书以传，斯真清雅。惜此《衔蝉小录》，一时觅购弗获，无从采厥绪余，光我陋简。孙子然云："夫人有咏猫句云：'一生惟恶鼠，每饭不忘鱼。'"子然，名仲安，夫人族弟。

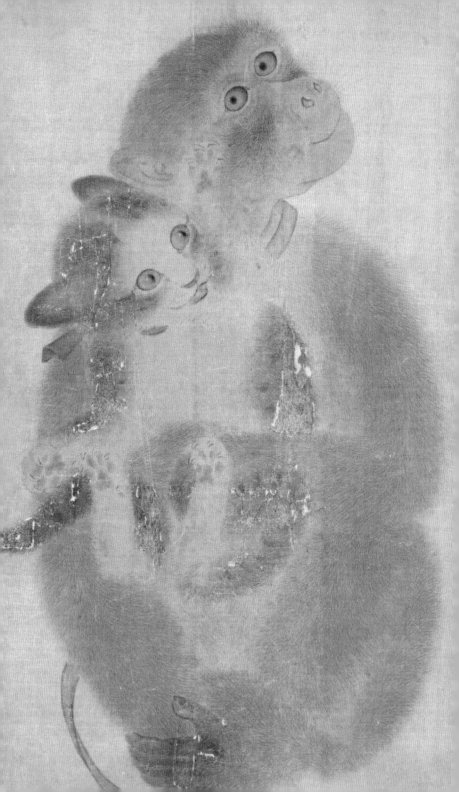

品藻

蠢动杂生之中，有一物能得名贤叹赏，词人题咏，则其为生也荣矣。然非有德性异能，岂易致哉？古今来品题文藻，旁及于猫者匪少，盖猫固有德性异能也。有修获此，乌得不为猫荣！辑品藻。

［宋］靳清　《双猫图》

《诗经》："有猫有虎。"

《庄子》："独不见夫猫性乎？卑身而伏，以俟遨者原注：遨，遨游也，东西跳梁，不避高下。"《渊鉴类函》

又："骐骥骅骝一日千里，捕鼠不如狸狌，言殊技也。"

《尹文子》："使牛捕鼠，不如狸狌之捷。"

《史记·东方朔传》："骐骥騄駬，飞兔骅骝，天下之良马也，将以捕鼠，不如跛猫。"

《淮南子》："审毫厘之计者，必遗天下之大数；不失小物之选者，惑于大事，譬犹狸之不可使搏牛，虎之不可使搏鼠也。"

《八纮译史》："高昌国不朝贡，唐使人责之，国王曰：'鹰飞于天，雉窜于蒿，猫游于室，鼠安于穴，各得其所，岂不快哉！'"

◎　汉按：此与《朝野金载》所云"缚虎与猫，终无脱日"，其境界舒结不同，迥然矣。

《说苑》："使骐骥捕鼠，不如百钱之狸。"

唐崔日用《台中词》曰："台中鼠子直须谙，信足跳梁上壁龛。倚翻灯脂污张五，还来啮带报韩三。莫浪语，直王相。大家必若赐金龟，卖却猫儿相赏。"

◎ 汉按：《诗序》："崔为御史中丞，赐紫，未得佩鱼，尝因宴撰词云云，中宗即以金鱼赐焉。"
◎ 黄香铁待诏云："唐卢延让业诗，二十五举方登一第，有'饿猫临鼠穴，馋犬舐鱼砧'句，为成中令汭见赏。又有'粟爆烧毡破，猫跳触鼎翻'之句，为王先主建所赏。尝谓人曰：'生平投谒公卿，不意得力于猫儿狗子也。'"

汉按：唐人咏猫诗甚少，胡知蘖笛湾云："路德延小儿诗：'猫子采丝牵。'又元稹《江边》诗：'停潦鱼招獭，空仓鼠敌猫。'此又卢延让猫诗之嚆矢也。"

黄山谷《谢周元之送猫》诗：

养得狸奴立战功，将军细柳有家风。
一箪未免鱼餐薄，四壁常令鼠穴空。

◎　汉按：陆放翁云："先君尝读山谷猫诗，而
叹其妙。"

罗大经《猫》诗：

陋室偏遭黠鼠欺，狸奴虽小策勋奇。
扼喉莫谓*无遗力，应记当年骨醉时。

张无尽《猫》诗：

白玉狻猊藉锦茵，写经河上净名轩。
吾方大谬求前定，尔亦何知不少喧。
出没任从仓内鼠，钻窥宁似槛中猿。
高眠永日长相对，更为冬衾共足温。

---

* 编者注：应为"讶"，"谓"可能是作者误抄，参见罗大经《鹤林
玉露》乙编卷四（上海古籍出版社，2012年版）。

林希逸《戏号骐骥猫》诗：

道汝含蝉实负名，甘眠昼夜寂无声。
不曾捕鼠只看鼠，莫是麒麟误托生。

金国李纯甫《猫饮酒》诗：

枯肠痛饮如犀首，奇骨当封似虎头。
尝笑庙谟空食肉，何如天隐且糟邱。
书生幸免翻盆恼，老婢仍无触鼎忧。
只向北门长卧护，也应消得醉乡侯。

《委巷丛谈》：

古人咏猫绝句甚多，而用意各别。

🐾 黄山谷《乞猫诗》云：

秋来鼠辈欺猫死，窥瓮翻盆搅夜眠。
闻道狸奴将数子，买鱼穿柳聘衔蝉。

喻小人得志，冀用君子之意。

🐾 刘子亨云：

口角风来薄荷香，绿阴庭院醉斜阳。
向人只作狰狞势，不管黄昏鼠辈忙。

语涉讪刺。

🐾 **刘潜夫云：**

> 古人养客乏车鱼，今尔何功客不如。
> 食有溪鱼眠有毯，忍教鼠啮案头书。

> 语稍含蓄，而督责亦露。

🐾 **陆务观云：**

> 裹盐迎得小狸奴，尽护山房万卷书。
> 惭愧家贫策勋薄，寒无毡坐食无鱼。

> 庶乎厚施薄责，而报者自愧。

🐾 **惟刘伯温云：**

> 碧眼乌圆食有鱼，仰看蝴蝶坐阶除。
> 春风荡漾吹花影，一任人间鼠化驾。

> 真豁达含宏，法禁不施，而奸宄自化。
> 信乎王佐才也。

《全浙诗话》

林逋《猫》诗：

纤钩时得小溪鱼，饱卧花阴兴有余。

自是鼠嫌贫不到，莫惭尸素在吾庐。

◎　汉按：《全浙诗话》引屠隆《珂雪斋外集》，以此诗为史弥远《题黄荃画帧》，其画则山丹下卧一猫也。予初录而读之，辄觉口吻不类。盖史权相也，何有"鼠嫌贫不到"之语？属之和靖，则情神逼肖，且史亦才士，何用盗诗？以见古今题画之作，多不足恃，而铅椠家诚不可以不考也。

蔡天启《乞猫》诗：

厨廪空虚鼠亦饥，终宵咬啮近灯帷。
腐儒生计惟黄卷，乞取衔蝉与护持。

王良臣《题画猫》云：

三生白老与乌圆，又现吴生小笔前。
乞与王家禳鼠祸，莫教虚费买鱼钱。

柳贯《题睡猫图》云：

花阴闲卧小於菟，堂上氍毹锦绣铺。
放下珠帘春不管，隔笼鹦鹉唤狸奴。

元好问《题醉猫图》云：

窟边痴坐费工夫，倒辊横眠却自如。
料得先师曾细看，牡丹花下日斜初。

又：

饮罢鸡苏乐有余，花阴真是小华胥。
但教杀鼠如山了，四脚撩天却任渠。

张思廉作《缚虎行》白门吊吕布诗：

捽虎脑，截虎爪。
眼视虎，如猫小。

瞿佑《归田诗话》

李璜以二猫送友人诗，录一：

衔蝉毛色白胜酥，搦絮堆绵亦不如。
老病毗耶须减口，从今休叹食无鱼。

文征明《乞猫》诗：

珍重从君乞小狸，女郎先已办氍毹。

自缘夜榻思高枕，端要山斋护旧书。

遣聘且将盐裹箬，策勋莫道食无鱼。

花阴满地春堪戏，正是蚕眠二月余。

《咏物诗选》

张劭《懒猫》诗：

豢养空勤费夜呼，性慵奈像主人何。

须燃爨穴防寒早，目送跳梁戒杀多。

食少鱼腥春闷闷，眠残花影雪皤皤。

长卿四壁虽如水，谁管偷诗物似梭。

同上

◎　按：《随园诗话》："武林女士王樨影《懒猫》
诗云：'山斋空豢小狸奴，性懒应惭守敝庐。深夜
持斋声寂寂，寒天媚灶睡矍矍。花阴满地闲追蝶，
溪水当门食有鱼。赖是鼠嫌贫不至，不然谁护五
车书。'"

姚之骃《咏猫五言排律》云：

旧读迎猫礼，无教忽百钱。

似人愁白老，重尔号乌圆。

灵岂萧妃化，名嗤义府传。

戏群藏绿帐，分列坐青毡。

张目俄如线，垂头恐裂鞭。

害苗旌见食，互乳见能贤。

修职辞仁者，为威故赫然。

狸奴方欲战，鼠辈敢同眠。

竺国元依佛，天坛已唤仙。

花阴无饱卧，寄语聘衔蝉。

袁子才《谢尹望山相国赠白猫诗》：

狸奴真个赐贫官，惹得群姬置膝看。

鼠避早知来处贵，鱼香颇觉进门欢。

果然绛帐温存久，不比幽兰付侍难。公先赐兰，已萎。

寄语相公休念旧，年年书札报平安。

王笠舫 衍梅 《猫鬼诗》云：

隋文下诏搜蛊毒，独孤陀诛母高族。
助鬼为虐徐阿尼，如养乌鬼家祭之。
修仙不随燕真去，成精却伴张抟嬉。

又《猫鬼图诗》：

纸灰团作蝴蝶戏，药汁舐作鱼腥吞。

◎　汉按：笠舫，山阴人，道光年以进士令广西，
有《绿雪堂集》。

端木鹤田 国瑚 诗云：

玉面狸儿妖似姝。

《太鹤山房集》

朱联芝《猫赞》云：

硕鼠硕鼠，无食我黍。
王之爪牙，有猫有虎。

◎　汉按：朱烽，字炼之，温之永嘉场人，本名联芝。有学有行，浮沉乡里而终，著有《瓯中纪俗诗》，道光辛卯年卒，盖眇一目而能视者也。

朱联芝《瓯中清明纪俗诗》：

女猫男犬贱称名，杂养贪教易长成。

圈颈一般新柳绿，今朝佳节正清明。

注见上

◎　裘子鹤参军云："古今咏猫诗颇多，猫之畏寒贪睡，尤为诗人作口实，如张无尽之'更为冬裘共足温'，又'高眠日永长相对'，刘仲尹之'天气稍寒吾不出，氍毹分坐与狸奴'，林逋之'饱卧花阴兴有余'，柳道传之'花阴闲卧小於菟'，与前明高启之'花阴犹卧日初高'，国朝女史袁宜之之'乱书常被懒猫眠'等句，确为狸奴写照。若卢延让之'饥猫临鼠穴'，则写其神情也；苏玉局之'亡猫鼠益丰'，则写其功用也；鲁星村之'猫捧落花戏'，则写其韵致也。至于刘克庄之咏猫捕燕云'文彩如彪胆智飞，画堂巧伺燕儿微'，是又有感而云然耶？"

◎　陶洁甫云："杨光昌句云：'桃花林里飞云母，柳树阴中睡雪姑'，是亦睡猫之一证。"光昌，国朝湖南人，著有《插花窗集》。

◎　余蓝卿云："吾乡史半楼，有'猫起被余温'之句，时人呼为'史猫'。史谓：'李林甫以柔害物，故不理人口，今若此，毋乃不雅驯乎？'余解之曰：'崔鸳鸯、郑鹧鸪尚矣。然不又有梅河豚乎？河豚犹可，奚有于猫？'史乃悦。"

◎　余旧有咏猫一绝，或谓此为怀才之士，不能弃暗投明设说，其知余哉。诗云："驱除鼠耗平生志，何必争言豢养恩。大用不能成虎变，空撑牙爪向黄昏。"_{汉自记}

　　汉按：近日相传一儒士咏猫句云"好鱼性与大贤同"，是则硬拉猫入道学矣，良堪捧腹。

何梦瑶《猫词（调寄南浦）》：

金锁倦桃笙，向阑干，起听秋虫宵语。杨子可曾过，空夸说，萧寺锦衾吟苦。蚕眠二月，裹盐曾记新迎汝？孤负衔蝉名字好，只解朵颐鹦鹉。

分明檀个麒麟，问今日，何多逢人呼汝。莫更触璃屏，西来久，往事不堪重数。凭谁好手，绘来双线花阴午。休道金睛消不得，可也阚如虓虎。

吴石华《调寄雪狮儿·咏猫》有序：

钱葆酚有《雪狮儿·咏猫词》，竹垞、樊榭、谷人并和之，引征故实，各不相袭，后有作者，难为继矣。余则全用白描，亦击虚之一法也欤？

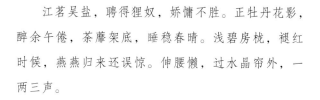

词曰：

江茗吴盐，聘得狸奴，娇慵不胜。正牡丹花影，醉余午倦，荼蘼架底，睡稳春晴。浅碧房栊，褪红时候，燕燕归来还误惊。伸腰懒，过水晶帘外，一两三声。

休教划损苔青，只绕在墙阴自在行。更圆睛闪闪，痴看蛱蝶；回廊悄悄，戏扑蜻蜓。蹴果才间，无鱼惯诉，宛转裙边过一生。新寒夜，伴熏笼斜倚，坐到天明。

明胡侍《骂猫文》曰：

　　家有白雄鸡，畜之久矣。乃者栖于树颠，而横遭猫啖。乃呼猫俾前，而骂之曰：

　　"咄，汝猫！汝无他职，职于捕鼠。以兹大蜡，古也迎汝。不鼠之捕，曰职不举，而又司晨之禽焉是食。计汝之罪，匪直不职而已也？

　　"咄，汝猫！相鼠有类，实繁厥徒；或登承尘，或撼户枢；或缘榻荡几，或噆樽舐盂；或覆奁轧椟，或齚图褫书。汝于是时，倪伺须臾，即不窬房闼，而汝之腹以饫，人之害以除矣。其或不然，则但据地长号，咆哮噫呜，虽不鼠辈之克殄，而声之所慑，鲜不缩且遁矣。而寂不汝闻，而宵焉其徂，吾不意窥高乘虚，越垣历厨缘干超枝；攀柯摧荨，而劳苦于一鸡之图。鼠为人害，汝则保之；鸡具五德，汝则屠之；鼠也奚幸，鸡也奚辜！

　　"虽则汝有，不若汝无；无汝则鼠之害不益于今，而鸡之祸吾知免夫。"

《渊鉴类函》

杨夔《畜猫说》：

　　敬亭叟之家，毒于鼠暴，乃赂于捕野者，俾求狸之子，必锐于家畜。数日而获诸，忻逾得骏。饰茵以栖，给鳞以茹，抚育之如字诸子。其攫生捕飞，举无不捷。鼠慑而殄影。

毛序始《猫弹鼠文》：

臣猫言："臣以贲皇之同姓，为章惇之后身；蒙被私恩，获居禁近；鼾睡卧榻之侧，独肯见容；高踞华屋之巅，初不为怪；甚且引登席上，授置台中，食必分肥，坐或加膝；拘击毙能言之鸟，竟免诋诃；盘旋乱将覆之碁，辄承嘉悦。

"凡诸异数，超越同侪。臣何敢辞口舌之劳，致有负爪牙之任。故常效张汤之磔，不欲以义府之柔；务俾么么之党类尽除，方保公家之器物无损。岂彼自务五技，讫持两端，喷喷者不厌烦，訾訾焉且惑听。

"臣请暴其鬼蜮之状，绝此侏儇之声。谨按搜粟都尉兼掠剩使，袭封同穴侯。鼠子，本系小丑之尤，冒称诸虫之老，于辰支虽居首，在物类为最微。赋形既消沮不飏，禀性复狡狯莫比。光天化日之下，暂尔潜踪；暗室屋漏之中，公然逞恶；营窟穴以藏匿，时为兔脱之谋，畏首尾而伏行，更甚狗偷之态。漫云有体，谁谓无牙？速讼遂已穿墉，钻隙何曾忘壁；甚至伤牺牛之角，不顾小郊，学城狐之奸，遽思凭社；粪污江密，实助黄门之谮言；齿啮马鞍，幸赖苍舒之善解。尤可耻者，从乞儿以游戏都市，巧取金钱。见士人而拱揖庭阶，故为妖妄。或渡河而践尾，奚堪侣江渚之鱼虾；至坠地而屠伤，讵能及淮南之鸡犬？纵教幻化，谁复责为其肝；相彼贪饕，何可时满其腹？

　　"恶难悉数，罪不容诛；非断以老吏之狱辞，曷歼夫若辈之族属。是使食苗食黍，终致叹于魏风；而在厕在仓，恒兴嗟于秦相也。伏惟箝斯甘口，烛其点心；敕付臣猫，追捕如律。庶皇甫击杨麽之首，谴责无逃；萧妃扼武曌之喉，报施不爽。臣愚，莽干冒威严，仰候指挥。"

　　制曰："尔猫，名虽不列地支，种实传来天竺。念尔祖崇祀于八蜡，既与虎而同迎，乃嗣孙旧窜于三危，尝以狮而为号。惟兹鼠耗，叵耐鸱张，孰曰苗顽，正资鹯逐。而昨暂出，彼即肆凶。窥瓮翻床，任疾呼而不止；啮书遗矢，欲安寝而无从。尔无忌器不投，定须闻声即捕，尚防抱头而窜，勿容泣血以思，用假便宜，恪共常职。"

《坚瓠集》

松陵朱长孺_{鹤龄}有《猫说》，借贪猫以喻墨吏，亦有激之言。说曰：

余家多鼠患，藏书每被啮蚀。邻家有猫，乞得之，形魁然大，爪牙甚铦。始至，群鼠屏息穴中，私喜鼠患自此弭矣。迨月余，患复作，终夜咋唶有声。余怪而视之，则猫与鼠比同寝处，若倡和然。诇其故，猫性贪，嗜鲍鱼腥，中厨所庋，见必窃食。鼠觉其然，凡猫之所嗜，鼠必预储以遗之。猫啖而德之，遂一任所为。鼠始以形之大也畏猫，既以所嗜尝猫，终则狎猫豢猫，利有猫，其出而为患也益无忌。

余乃叹曰："甚哉，贪之毒也！使猫无所窃，鼠其敢尝之耶？猫既先鼠为窃，其能禁鼠之群窃耶？畜猫本以捕鼠，而今反以导鼠；且昵之为一，是鼠魁也。曷若去鼠魁，而群鼠之患，犹或少弭耶！"乃命童子锁其项，系其足，数而搏之，沉之于交衢之潈。

同上

黄之骏《讨猫檄》曰：

捕鼠将佛奴者，性成异懦，貌托仁慈。学雪衣娘之诵经，冒尾君子之守矩。花阴昼懒，不管翻盆；竹簟宵慵，由他凿壁。甚至呼朋引类，九子环魔母之宫；叠背登肩，六贼戏弥陀之座。而犹似老僧入定，不见不闻；傀儡登场，无声无臭；优柔寡断，姑息养奸。遂占灭鼻之凶，反中磨牙之毒。阎罗怕鬼，扫尽威风；大将怯兵，丧其纪律。自甘唾面，实为纵恶之尤；谁生厉阶，尽出沽名之辈。

是用排楚人犬牙之阵，整蔡州骡子之军。佐以牛棰，加之马索。轻则同于执豕，重则等于鞭羊。悬诸狐首竿头，留作前车之鉴；缚向麒麟楦上，且观后效之图。共奋虎威，勿教兔脱。

铎曰："昔万寿寺彬师，以见鼠不捕为仁。群谓其诳语，而不知实佛门法也。若儒生一行作吏，以锄恶扶良为要。乃食君之禄，沽己之名，养邑之奸，为民之害。如佛奴者，佛门之所必宥，王法之所必诛者矣！"

《谐铎》

《义猫记》云：

山右富人所畜之猫，形异而灵且义。其睛金，其爪碧，其顶朱，其尾黑，其毛白如雪。富人畜之珍甚。

里有贵人子，见而爱之。以骏马易，不与；以爱妾换，不与；以千金购，不与；陷之盗，破其家，亦不与。因携猫逃至广陵，依于巨富家。亦爱其猫，百计求之不得，以鸩酒毒之。其猫与人不离左右，鸩酒甫斟，猫即倾之；再斟再倾，如是者三。富人觉而同猫宵遁。遇一故人，匿于舟后，渡黄河，失足溺水。猫见主人堕河，叫呼跳号。捞救不及，猫亦投水，与波俱汩。

是夕，故人梦见富人云："我与猫不死，俱在天妃宫中。"天妃，水神也。故人明日谒天妃宫，见富人尸与猫俱在神庑下，买棺瘗之，埋其猫于侧。

呜呼！虫鱼禽兽，或报恩于生前，或殉死于身后。如毛宝之白龟，思邈之青蛇，袁家儿之大狞犬，楚重瞳之乌骓马，指不胜屈。若猫之三覆鸩酒，何其灵；呼救不得，徇之以死，何其义；又岂畜类中所多见者耶？

然其人以爱猫故，被祸破家，流离异域，复遭鸩毒。非猫之几先，有以倾覆之，其不死于毒者几希矣。及主人失足河流，跳叫求援，得相从于洪波之中，以报主人珍爱之恩。以视夫为人臣妾，患至而不能捍，临难而不能决者，其可丑也夫！其可丑也夫！

徐岳《见闻录》，并见《虞初新志·说铃》。

张正宣《猫赋》云：

猫之为兽，有独异焉。

食必鲜鱼，卧必暖毡；上灶突兮不之怪，登床席兮无或嫌；恒主人之是恋，更女子之见怜。彼有位者仁民，且豢养之兼及；在吾侪为爱物，岂嗜好之多偏。是故张大夫不辞猫精之贻号，而童夫人肯使狮猫之亡逝。

王朝清《雨窗杂录》

赵古农《迎猫制鼠说》：

粤人有患鼠者，思以治之，而未得其术也。适客从外至，谈及鼠患，客曰："是非猫不为功。"主人曰："顾安所得猫乎？子盍为我穿柳聘之。"客唯唯而退。明日，果迎猫来。主人深喜谢客，爰命家人贮纱帷内，席以毛毯，饭以溪鱼，日省视之，惟恐逆其意者。

噫！主人可谓厚遇此猫矣。然猫亦窃解人意，花阴饱卧，时作虎威，声频喊露。是夜，群鼠首两端而不敢出也，主人举家咸慰，以为猫之为功大矣。亡何，有鼠之黠者，挑群鼠而起。伺猫不及见处，唧唧作声。

久之，翻盆窥壁，臞者硕者，咸集一室。有舞于门者，有拱立而拜揖者，更有交足于颈跳掷者，甚则昼累累与人并行，夜则窃啮斗暴，其声万状。熏之不可，掘之不得，投之而忌乎器。猫怒，欲啮之，或反为鼠所啮。于是家人咸咎猫之无能，致见哂于五德。猫郁郁不乐，实亦不解鼠何以至此，且技之绌于鼠也。因鸠群鼠切责之，复理谕之，并告以主人厚遇之意，而群鼠无忌如故。

由是猫更恚惷不已，曰："呜呼，鼠之冥顽不灵！恃其五技，殆有甚于邻鼠也，予乌能忍与之同眠乎？无宁使人谓我见几而作，而谓我尸位而素餐，可乎？"未几，客复来，主人具告之故。客若有所失，谓主人曰："子知夫猫乎？系本西番，昔为使臣上贡。道经庄浪驿，或试以铁笼，纳空室中。诘朝起视，数十群鼠，窜伏笼外。凡所至，数里无敢咆哮者，兹固若此哉。"主人闻之，亦遂止家人之咎猫者，而猫复留。

　　说者曰："猫则良矣，如黠鼠何？世有食人之食，而不忠其事者，过无可辞。然食人之食，欲忠其事而未由者，咎谁任哉。仲尼曰：'吾未如之何也已。'猫于鼠，又何难焉。"

◎　汉按：赵古农，番禺人，为粤东老幕友也，此篇为裘子鹤参军抄送，其所措词，大有寓意，故特录之。

补

［清］任颐 《花鸟蔬果册页》

敬亭叟家，毒于鼠暴。穿甬穴墉，室无全宇；咋啮筐筐，帤无完物。及赂于捕野者，俾求狸之子，必锐于家蓄。数日而获诸，汴逾得骏，饰以栖，给鳞以茹之，抚育之厚，如子诸子。其攫生搏飞，举无不捷，鼠慑而弥影，暴腥露膻，纵横莫犯矣。然其野心常思逸于外，冈以育为怀，一旦怠其绁，逾垣越宇，倏不知所逝。叟惋且惜，涉旬不弭。

弘农子闻之曰："野性匪驯，育而靡恩，非独狸然？人亦有旃。梁武于侯景，宠非不深矣；刘琨于疋殚，情非不至矣；既负其诚，复反厥噬。呜呼！非所蓄而蓄，孰有不叛哉？"

绍圣二年九月，黄庭坚书。

黄鲁直《蓄狸说》

◎ 汉按：山谷兹帖，固当首列。乃书成后，丁雨生始为余言，因寓书周缓齐厚躬从澄海张浦云明府邦泰处抄至，亟为补入。惟中如"甬、汴、弥、冈、殚"诸字，可解不可解，若"汴"疑"怵"字，"弥"俗"殄"字，"冈"即"罔"字，"殚"或谓"磾"字之讹。兹悉仍其原，识以俟考。

大兰王朱相者，颇好客，鹿马猴狗俱在门下，而鼠为多。

一日，有荐猫至，颇佳，然阴为鼠所忌，猫初不知也。顾必思有以中伤之，以鹿马持正不阿，知不可动，乃嗾猴狗谗之。猫无失德，猴狗不能为害。王有子，长曰象，仲曰兔，兔者为其形似而言，性颇佻达，鼠辈欲假兔以行其计。会王改封迁藩，乃遂以猫抟兔言于王，王初弗听。无如鼠辈谮之力，王乃去猫。鹿马闻之，叹曰："猫非狮，何抟兔之有？轻听而去贤，何王不察之甚！"

久之，王亦浸有所闻，颇自悔，然而群鼠之计已行，相与于窟穴中窃笑王愚矣。先是有善相者，谓王形蠢恶，后必遭屠。未几，流寇乱起，王果遇难，群鼠遂分其赀粮而散。

《焚椒余话》

◎　汉按：此节或谓指福藩而言，然无可考。但听小人之谗，而逐贤士，甚至甘以秽名加之亲子而不恤，今日士大夫之如大兰王者不少也，言之，殊不值一噱。

含毛国，在震旦之南，衣冠异而制度同，取士有丙科丁科，犹中国之有甲乙科也。

有臧居子者，乳名麒麟猫，丙科出身，曾充抢材使，因事降为郡将。一日奉命卤州勾当公事，咸谓其才望重，莫不思一瞻丰采。及既庋止，当事大夫供张惟谨，论者谓臧居子兹来，必有经济之谈，必有文章之会，否则亦必有诗歌留题，为斯邦大雅之资。居数月，乃寂然无所闻。未几，闻有邮亭风月之狎，继闻沉湎于酒色矣。而且于缠头费甚吝，妓人薄之，复有使气作践之举，于是讥诮起而笑骂盈道路矣。

论者复谓：王朝所称有才望者，大抵如斯耶？抑门祚官方之玷，皆可不足恤耶？抑天地气运就衰，例生此败类耶？议论甚不一，已而又皆寂然矣，似以若而人者，有不屑讥诮笑骂议论者也。然而时闻君子有太息声。

宫朝《睹麒麟猫说》

卢胡叟曰："为麟使人瞻仰，为猫使人取用，若麒麟猫者，适足令人齿冷，况又有秽行乎。所谓天地衰气使然，例生败类，似或不诬，乌得不为太息？"

◎　汉按：右二篇*与山谷《蓄狸说》，皆是因小见大之文。
◎　又按："富贵不淫"称之大丈夫，若富贵而以致君泽民为念，国尔忘家，非止"富贵不淫"而已，直可以圣贤称之也。然有此作用，方可谓为不负天地，不负君父，及不负所学。若而人者，岂不令薄海人民，瓣香千载也乎！

---

* 编者注：这里指上一篇与本篇。

◎ 顷者得无名氏《宝猫说》，颇有机趣，亦因小见大之文，足以讽世，亟为补入，俾广见闻。其词曰：

里有得猫于都会者，体伟而毛泽，颈系铃，尾拖彩，步武从容，见者咸悦之，以为必善捕鼠也。故食鲜眠暖，优以待之，且呼之为宝猫。

诡养数月，鼠患依然；又数月则愈炽焉。始则以其慵于捕；徐察之，竟无能捕。其家旧有猫，不甚肥泽，捕鼠颇勤，呼为朴子，逸去几半载，主人于是复求而获之，已而鼠患遂息。且见朴子渐与宝猫狎，一鸣一跃，若有所献纳，而宝猫绝不之顾，且时作威状拒之。朴子旋退去，索然自处。主人因而私察宝猫，常高踞屋脊，非扑蝶则捕蝉，或雌雄相追逐；有饵以鱼与肉，则伏而大嚼；既餍饫，即酣睡焉。主人为之喟然长叹，乃戏系大鼠十数环，掷其卧窝，群相撑拒啾唧。宝猫见之，大惊而逸，遂不知所之。

梓浮子曰："无技能而享高厚，贪野食而耽惰淫，置主人事于不顾，有献纳而不知受，甚至见群大鼠而惊逸，若斯宝猫，固不复知有羞耻事。然不审于衾影中，或稍有愧于心否？呜呼，鼠患炽至于不可救，大抵皆宝猫误之耳。吾愿蓄猫者，宜朴子是求，家道受益非浅。其都会来者，虽体伟毛泽，系铃拖彩，岂皆为可宝哉！既误，慎勿为再误也。"

汉按：三复斯篇，则触景伤怀，不觉欲痛哭流涕。或曰才拙而志诚，于事或有补救之功。若朴子者，庶乎近焉。

相传一巨猫，骄而怯。一日忽得死鼠于盎中，既鸣且跃，若自诩其能。忽有大鼠群然过其前，则巨猫遂伏而不敢动，是亦然宝猫之一流欤。王仲弇识

汉按：瓯谚有云"瞎猫撞着死鼠"，意外之遇。然有一世为瞎猫，而不遇死鼠者，则兹巨猫犹为多幸。呵呵。

◎ 黄薰仁孝廉云："昔有人馈先君洋猫一头，重十余斤，状极雄伟，人咸羡为骏物。始则鼠亦稍知敛迹，岂知此猫性贪而懒，日则窃饮瓶中酒，夜则醺醺然卧，鼠欺其无能，扰乱尤甚，众皆恶弃之，呼为怪畜。时余叔适得一猫三足者，其后一足仅有上腿而无下爪，每呼食则跳跃难前，审其状似断不能捕鼠，但鼠闻其声，莫不远遁，较诸洋猫外强中干，贤不肖为何如。余以晋却克，唐裴叔度，相传皆跛一足，其建功立业，何尝不赫烈耶？盖人不可以貌相，余谓兽亦然。"《洋猫说》

汉按：近传一官，惟耽曲蘖，不视事，人皆呼为醉猫。或以为诘，则曰："我尚廉，无患也。"殊不知权已旁落，下人窃弄威福，其害尤甚于自作孽也。自古故重廉明，若昏而不明，虽廉何补！

附

录

相猫经

古者，浮邱公有《相鹤经》，宁戚有《相牛经》。孙阳、陈君夫相马，朱仲相贝，并模象遣辞，肖形诂义。奥闻不堕，瑰异可稽。淹雅之长，于是乎在。

猫，毛族之纤兽也。其为物，咏于《诗》，载于戴《记》，详纪于《埤雅》诸书。而别传有《相猫法》数语，予以为未尽，爰证以旧籍，错以鄙谚，复间取臆说参之，作《相猫经》一篇。匪以侈博，备说云尔。

猫，鼠将也。面圆者虎威，面长者鸡绝种。口九坎者能四季捕鼠，鸟喙者亚之，俗曰食鼠痕。体短则警，修者弗奋也。声阚则猛，雌者弗跷也。目，金光者不睡，绝有力；善闭者性驯。尾，修者懒，短者劲，委而下垂者贪，独不嗜鼠。

耳，薄者畏寒，尖而耸者健跃，是绝鼠。戟鬣善动，靡鬣善鸣。善搏者锯齿。脚长者能疾走，脚短者跳跀，前短后长者鸷。露爪者覆缶翻瓦，距铁而毛斑者狸，是曰鼠虎。

长洲沈清瑞芷生

原序一

　　永嘉黄君鹤楼所纂《猫苑》成，出以示余，余见其搜辑今古寰瀛、异域、史志、简册及雅俗时论，博采兼收孳孳焉。若曰不足，甚至摘取余诗中断句以附益之。因叹曰："君之用心苦矣。"

　　君以东瓯诗人薄游江右，入粤罕有知者，常就吾邑潘少城明府之聘，课其公子。余为吾邑残明殉节林丹九先生作传，君见之，为改其乡举年代出处，寓书于余次子瑂元以质所疑。瑂元缄书至潮，余诧曰："是博雅君子也！"因亟言于吴云帆太守。太守亦雅重之，延至郡斋主书记。

　　方瑂元缄书至潮，适钟君_{庆瑞}卸平镇营都司事回黄冈。钟君倜傥志节士也，权吾邑戎政，号令严明，禁暴止奸，邑人甚德之。与君善，为余言君言动形状如绘，钟君后殉瞿镜之难，余闻之，与君相对歔欷。

夫今日之戎政不可问矣，贪如狼，狠如羊，鹜不用命。其临阵也，缩如猬；其败走也，窜如蛇。安得如君所云，有猛者命之为将，有德者予之以官，不至如鬼而憎之，妖而怯之，祷而畏之，而独异焉者。

余因君摘取余诗语，为忆《辛丑漫成》作"奴慵狗敢耽高卧，鼠恣猫应愧素餐"，《壬子人日》作"七种菜供人日馔，千仓粟向鼠年输"，与君纂《猫苑》之意将毋同？并序以质之。

咸丰三年，岁在癸丑花朝前五日，镇平宗弟钊作于潮州菘韭舍并书。

原序二

圣人云："多识于鸟兽草木之名。"非徒务于博雅也，盖以物虽微，其功用著于世，则不以物而忽之，此《尔雅·虫鱼》一疏之所以传也。

《礼·郊特牲》一篇曰"迎猫"，夫猫曰迎，非重猫也，重其食田鼠也。陆佃曰："鼠害苗，猫捕鼠，故字从苗。"然则猫之功，非大有益于人者耶？

吾友黄君鹤楼，博雅君子也，多读书，留心典故。虽自以不获用世展志为憾，而其济人利物之念时时不忘。性好山水，壮岁即橐笔走四方，无事则从事于铅椠，无间寒暑，盖乐此不疲也。尝著《瓯乘补》一书，虽稗官野史之流，而援古证今，补前人所未备，足为采风之一助，以其所存者大耳。

今夏以所新纂《猫苑》寄示，盖博采古今猫事而成其书，分种类、形相、毛色、灵异、名物、故事、品藻为七，条分缕析，巨细兼载。噫，何其博也！虽云所纂为小品，而独能标新立异，宜乎裘子鹤参军见其书称为妙趣横生，无义不备，其传必矣。

猫于经书不多见，《诗》称"有猫有虎"，亦仅尔。间或散见于子史，而亦未有专书，岂以其微而置之耶？然则君之此书，足以补前人之缺漏，而使后之人知猫之有功于世，非特为博雅之助也。而君之存心利物，不以小而见其大耶？爰书数语以归之。

时咸丰二年壬子季秋月，同里孟仙弟张应庚书于连平官廨。